Virginia Vail

Tierarzt-Praxis Birkenallee 7

STERNCHEN DARF NICHT STERBEN

Illustriert von Ines Vaders-Joch

SCHNEIDER BUCH

Die Deutsche Bibliothek - CIP-Einheitsaufnahme

Vail, Virginia:
Tierarzt-Praxis Birkenallee 7 / Virginia Vail. [Übers. aus dem Amerikan. von Renate Navé]. - München : F. Schneider.

11. Sternchen darf nicht sterben. - 1992
ISBN 3-505-04659-0

Frankfurter Ring 150 · 8000 München 40

Übersetzung aus dem Amerikanischen: Renate Navé
Originaltitel: ANIMAL INN - OH DEER!

Titelbild: Richard Williams
Umschlagkonzeption: Angelika Bachmann
Illustrationen: Ines Vaders-Joch
Lektorat: Vera Fiebig-Coldewey
Assistenz: Birgit Lörler
Herstellung: Gabi König
Satz: Fibo Lichtsatz GmbH, München
Schrift: 11/12' Garamond
Druck: Presse-Druck, Augsburg
ISBN: 3-505-04659-0

Der Tierarzt kniete nieder und betrachtete das junge zitternde Reh. Es atmete schwer, und die vielen Menschen um das Tier herum machten es ganz unruhig. Voller Mitleid betrachtete Linda seine schönen ängstlichen Augen.

„Das sieht ja schlimm aus", meinte Toby und wies auf die Blutlache im Schnee.

Der Tierarzt zog seine Handschuhe aus und tastete vorsichtig die Wunde ab. „Ich glaube, die Kugel steckt noch drin. Ich muß das Reh in die Klinik mitnehmen und die Kugel entfernen. Linda, gib mir bitte das Verbandzeug. Ich will zunächst die Blutung zum Stillstand bringen. Toby, hol die Bahre aus dem Wagen."

„Meinst du, das Tier wird durchkommen?" fragte Maggie den Tierarzt.

„Ich denke schon. Das hat es nur Ihnen zu verdanken, Maggie. Wenn Sie nicht so schnell reagiert hätten, wäre es gestorben." Er zeigte auf die Wunde. „Angeschossene Tiere erleiden meist einen langsamen und qualvollen Tod."

Inhalt

Ein Verkehrsunfall	9
Eine hitzige Debatte	20
Geflüster unter Schwestern	30
Ein Notfall	43
Sternchen	49
Familienkonferenz	61
Begegnung im Stall	75
Beim Eislaufen	86
Glück im Unglück	98
Die Weihnachtsparty	110

Ein Verkehrsunfall

„Linda, paß auf!“

Jill Dearborns Warnung kam zu spät. Der Schneeball traf Linda genau zwischen die Schultern.

„Der hat gesessen!“ jubelte ein Junge. Im gleichen Moment sauste ein zweiter Schneeball haarscharf an Linda vorbei und landete auf dem Arm der Freundin.

„Auf in die Schneeballschlacht!“ rief Linda übermütig. „Na wartet, euch werden wir's zeigen!“

Die beiden Freundinnen warfen ihre Schultaschen auf den Boden und formten rasch zwei Schneebälle.

„Das war Roger Henderson“, sagte Jill. „Der andere ist Kenny Feldmann. Die beiden verfolgen uns schon von der Schule bis hierher.“

„Meinst du, ich hab das nicht bemerkt?“ grinste Linda. „Ich hab nur darauf gewartet, daß sie uns angreifen.“ Sie wirbelte herum und schoß zurück.

„Volltreffer!“ rief Jill.

„Wen hab ich erwischt?“ Linda bückte sich, um einen zweiten Schneeball zu formen. „Bei dem dichten Schnee kann man ja kaum was sehen.“

„Das ist doch egal“, meinte Jill und warf ebenfalls einen Schneeball auf die Jungen hinter ihnen. Doch sie schoß weit daneben.

„Mist!“ ärgerte sie sich. „Wie wär's, wenn ich die Bälle mache und du sie wirfst? Du triffst besser. Schließlich bist du in der Handballmannschaft.“

Der nächste Schneeball prallte auf die Brust des anderen Jungen, der einen gellenden Schrei ausstieß.

„Das war Kenny“, kicherte Linda. „Ich habe ihn an der Stimme erkannt. Schnell, gib mir noch einen Schneeball! Da kommt Roger.“

„He, Taylor!“ rief Roger, als er die Mädchen eingeholt hatte. „Eine kleine Abreibung gefällig?“

„Untersteh dich!“ Linda duckte sich blitzschnell, und der Schneeball sauste an ihrem Kopf vorbei. Dann holte sie zum Wurf aus, traf jedoch nicht Roger, sondern ein Mädchen, das plötzlich aus dem Schneegestöber aufgetaucht war.

„Spinnst du, Roger?“ empörte sich das Mädchen.

„Das war nicht er, das war Linda!“ rief Kenny und rannte dem Freund nach.

„Linda Taylor!“ Das Mädchen in dem pinkfarbenen Anorak wirbelte herum. „Was fällt dir ein?“ schnauzte sie Linda an.

„Die hat uns gerade noch gefehlt!“ stöhnte Jill.

Sowohl Linda als auch Jill konnten Susan Bascombe nicht ausstehen, die mit ihnen in die achte Klasse des Hamilton-Gymnasiums ging und für ihre Hochnäsigkeit bekannt war.

„Entschuldige“, rief Linda und klemmte sich die Schultasche unter den Arm. „Ich hab dich nicht kommen sehen.“

„Du hättest mich verletzen können!“

„Es war wirklich ein Versehen“, beteuerte Jill. „Das kann doch jedem mal passieren.“

„Mir nicht. Für so kindische Spiele habe ich nichts mehr übrig.“

„Ich hab dir doch gesagt, daß es mir leid tut“, sagte Linda, als sie zu dritt weitergingen. „Es war nicht Absicht. Die Jungs haben damit angefangen, und dann haben wir halt zurückgeschossen. Kindisch hin oder her, uns hat's Spaß gemacht.“

Susan rümpfte die Nase. „Was *ihr* unter Spaß versteht!“

„Nun ja, so lustig war's auch wieder nicht“, räumte Jill ein. „Aber das ist doch gar nicht dein Heimweg, Susan. Wohin gehst du denn?“

„Wenn du es unbedingt wissen willst: in die Marktstraße, um meine Weihnachtsgeschenke auszusuchen.“

Linda schaute sie verwundert an. „Aber es ist doch noch eine Woche bis Dezember! Ich habe mir noch nicht einmal Gedanken darüber gemacht, was ich diesmal an Weihnachten schenken werde.“

„Das meine ich auch nicht.“ Susan wischte sich die Schneeflocken aus dem Gesicht. „Ich klappere die besten Geschäfte von Essex ab und notiere mir die Geschenke, die ich mir von meinen Eltern und meiner Schwester wünsche. Das sind meistens Klamotten. Wenn ich das Richtige gefunden habe, sage ich ihnen, wo sie es bekommen und in welcher Größe und Farbe ich es möchte.“

Linda und Jill warfen sich einen vielsagenden Blick zu. „Und wann kaufst du *ihre* Weihnachtsgeschenke?“ wollte Linda wissen.

„Das hat noch Zeit! Die besorge ich erst dann, wenn ich mit meiner Mutter nach Philadelphia fahre. Hier in diesem Provinznest finde ich nichts für sie. Mami benützt nur die teuersten französischen Parfüms, und Paps trägt nur italienische Seidenkrawatten. Ein Wahnsinn, wieviel Geld ich für die beiden ausgebe! Zum Glück ist Lauren noch nicht so anspruchsvoll.“ Sie zog einen Zettel aus ihrer Anoraktasche. „Als erstes gehe ich in *Brendas Boutique*. Dort bin ich mit meinen Freunden Coutney und Kimberly verabredet.“

„Bei euch zu Hause sprecht ihr vorher also untereinander ab, was ihr euch schenken werdet?“ Jill machte große Augen.

„Na klar, sonst bekommen wir womöglich etwas, was uns nicht gefällt, und müssen es umtauschen.“

„Aber wenn du schon im voraus alle deine Geschenke kennst, wo bleibt denn da die Überraschung?“ wandte Linda ein.

Susan zog die Augenbrauen hoch. „Magst *du* denn Geschenke, die dir nicht gefallen? Solche sind ohnehin immer darunter – zum Beispiel von meiner Großtante Maggie. Dabei hätte ich so gerne eine Fuchsjacke von ihr. Aber wenn ich mir die wünschte, dann bekäme ich sicher statt dessen ein Abonnement für dieses öde Blatt vom Tierschutzverein.“

Linda, die Tiere über alles liebte und später einmal Tierärztin werden wollte, hatte überhaupt kein Verständnis für Leute wie Susan Bascombe: Wie konnten sie nur Pelzjacken tragen, wenn unschuldige Tiere dafür ihr Leben lassen mußten?

Susans Großtante, Maggie Rafferty, war mit den Taylors seit Jahren befreundet. Sie unterstützte nicht nur den Tierschutzverein mit großzügigen Geldspenden, sondern nahm auch jedes obdachlose Tier auf ihrem Landgut auf, wenn das Tierheim von Essex überfüllt war.

Linda wollte eben für die alte Dame Partei ergreifen, da stieß Jill sie in die Rippen und flüsterte ihr zu: „Laß dich bloß nicht in eine Diskussion ein. Sonst versäumst du noch den Bus, und der nächste geht erst wieder in einer halben Stunde."

„Okay. Ich darf auf keinen Fall zu spät zum Tier-Treff kommen." Damit war die Tierarztpraxis ihres Vaters gemeint, in der sie jeden Tag nach der Schule aushalf. Samstags fuhr sie schon am Vormittag in die Birkenallee, damit sie auf ihrem Wallach Gray Ghost ausreiten konnte. Normalerweise fuhr sie mit dem Fahrrad, doch heute nahm sie wegen des vielen Schnees den Bus.

An der Marktstraße angekommen, blieb Susan stehen. „Okay, ich schau mal in *Brendas Boutique*." Sie warf Linda einen finsteren Blick zu. „Wenn du noch einmal mit Schneebällen nach mir wirfst, dann rede ich nie wieder ein Wort mit dir!"

Kaum hatte Susan ihnen den Rücken gekehrt,

grinsten sich Linda und Jill an.

„Glaubst du, sie hat das ernst gemeint? Wenn ja, dann ..." Linda deutete mit dem Arm eine Bewegung an, als wollte sie Susan einen Schneeball nachwerfen.

„Schön wär's, aber um die zum Schweigen zu bringen, braucht es schon mehr!"

Linda schaute die Straße entlang. „Oh, da kommt ja mein Bus!" Sie rannte auf die Haltestelle zu und rief Jill über die Schulter zu: „Bis morgen!"

Linda stieg ein. „Tag, Frau McCracken", begrüßte sie die Busfahrerin. „Ist das ein Schnee heute!" Sie zog sich die Handschuhe aus und suchte in ihrer Anoraktasche nach dem Fahrgeld.

„Das kann man wohl sagen. Und dabei haben wir erst November. Ich kann mich gar nicht erinnern, wann es das letzte Mal so früh geschneit hat. Willst du zum Tier-Treff?"

Linda nickte und warf das Geld in den Fahrscheinautomaten. „Hat Sheba schon ihre Jungen bekommen?"

„Ja, letzte Woche", erwiderte die Busfahrerin und setzte die Fahrt fort. „Stell dir vor, gleich fünf Stück! Und was für putzige Kerlchen! Richte deinem Vater aus, daß ich noch vor Weihnachten mit der ganzen Katzenfamilie zum Durchchecken komme."

„Fein, dann werde ich ja die Kleinen sehen", freute sich Linda und ging dann nach hinten. Der Bus war nur schwach besetzt, und sie fand gleich einen

Fensterplatz. Sie schaute hinaus und stellte staunend fest, daß die meisten Geschäfte bereits weihnachtlich geschmückt waren. Über der Straße hingen Lichtergirlanden.

Vielleicht sollten sie im Tier-Treff auch schon die Weihnachtsdekoration anbringen, überlegte sie und lehnte sich im Sitz zurück. Wenn ihr Vater nichts dagegen hätte und nicht mehr viele Leute im Wartezimmer wären, dann könnte sie noch heute damit beginnen. Ihr Freund Toby, der ebenfalls nach der Schule im Tier-Treff aushalf, könnte ihr vielleicht zur Hand gehen. Sie würden mit dem Wartezimmer beginnen und anschließend die Tierpension schmücken. Am Samstag wäre dann Donna Hartmanns *Hundesalon Seidenglanz* dran ...

„He, wieso geht's denn nicht weiter?" rief ein Fahrgast ungehalten.

Linda war völlig in Gedanken versunken; sie hatte gar nicht bemerkt, daß die Stadt längst hinter ihnen lag und der Bus schon eine ganze Weile im Stau stand.

„Da ist sicher was passiert", sagte die Busfahrerin.

Linda schaute aus dem Fenster. Aus der Gegenrichtung kam kein einziges Fahrzeug. Dafür raste mit lautem Tatütata ein Rettungswagen an ihnen vorbei.

„Hoffentlich ist es kein schlimmer Unfall", sagte eine ältere Frau, die auf der anderen Seite des Ganges saß.

„Unfall hin oder her, ich muß unbedingt um vier

in Middletown sein“, wetterte der Mann von vorhin. Er stand auf und ging zur Busfahrerin vor. „Fahren Sie doch bis zur nächsten Kreuzung auf dem Randstreifen weiter.“

Frau McCracken schüttelte den Kopf. „Unmöglich. Das ist verboten. Keine Sorge, es geht bestimmt gleich weiter.“

Linda schaute auf die Armbanduhr. Es war bereits Viertel vor vier. Die Tierklinik schloß um fünf. Wenn sie noch länger im Stau steckten, würde es knapp werden. Kurzentschlossen nahm sie ihre Schultasche und ging nach vorne zu Frau McCrakken. „Könnten Sie mich bitte rauslassen? Es ist ja nicht mehr weit bis zu meiner Haltestelle. Außerdem hat es aufgehört zu schneien.“

„Ausnahmsweise.“ Die Busfahrerin fuhr an den Straßenrand. „Möchte sonst noch wer aussteigen?“ fragte sie.

„Ich muß in Middletown raus“, meldete sich wieder der Fahrgast, der vor Wut einen ganz roten Kopf bekommen hatte.

„Ich weiß“, rief die Busfahrerin zurück. Als sich keiner der Fahrgäste erhob, lächelte sie Linda zu und meinte: „Gib acht, daß dir nichts passiert.“

„Keine Sorge. Und vielen Dank!“ Linda sprang vom Trittbrett herunter. Ein eiskalter Wind blies ihr ins Gesicht, als sie an der Autoschlange vorbei am Straßenrand weiterging. Glücklicherweise war der Schnee nur knöcheltief, so daß sie rasch vorankam.

2 4659-8

Wenige Minuten später hatte sie die Unfallstelle erreicht. Schaulustige drängten sich um einen braunen Personenwagen, der quer in der Straße stand. Neben dem Unfallwagen standen der Rettungswagen und ein Polizeiauto mit Blaulicht. Linda ging näher heran und sah, wie zwei Sanitäter dem Fahrer aus dem Wagen halfen. Offenbar war ihm nichts Ernstes passiert, denn er konnte allein zum Rettungswagen gehen. Linda atmete auf und wollte gerade weitergehen, da kam ihr plötzlich etwas merkwürdig vor: In den Unfall war kein weiteres Fahrzeug verwickelt.

Sie ging auf einen Mann in einer karierten Jacke zu und sagte: „Entschuldigen Sie, können Sie mir vielleicht sagen, was passiert ist? Ist jemand verletzt?"

Der Mann zuckte mit den Achseln. „Dem Autofahrer scheint nichts passiert zu sein. Der Hirsch aber ist tot."

„Der Hirsch?" fragte Linda ungläubig. „Wurde denn ein Hirsch überfahren?"

„Ja, ein Sechzehnender sogar." Der Mann schüttelte den Kopf. „Seit Jahren gehe ich auf die Jagd, aber noch nie habe ich einen Sechzehnender erlegt. Und dem da rennt er direkt über den Weg. Manche Leute haben wirklich ein Glück!"

Linda zuckte zusammen. „Was heißt hier Glück? Der Hirsch ist doch tot ..."

„Na und? Heutzutage gibt es sowieso viel zuviel Wild. In unserer Gegend ist es doch schon zu einer richtigen Plage geworden. Die Tiere fressen die Felder kahl und verursachen Unfälle wie diesen hier. Der Lenker des Wagens hätte tot sein können. Ich finde, man sollte die Tiere, die geschossen werden dürfen, nicht noch mehr begrenzen. Die sollen doch endlich aufhören mit ihren Parolen wie *Rettet das Leben in der Natur*! Das einzige Leben, das zählt, ist doch Menschenleben."

Linda hätte sich am liebsten die Ohren zugehalten. „Sind Sie sicher, daß der Hirsch tot ist?" fragte sie. „Vielleicht ist er nur verletzt? Mein Vater ist Tierarzt, seine Klinik ist ganz in der Nähe ..."

„Ach was, der ist mausetot. Schau, dort drüben am Straßenrand liegt er. Geschieht ihm ganz recht."

Linda wollte sich das tote Tier nicht ansehen und ging wortlos weiter. Ohnmächtige Wut stieg in ihr auf, als ihr die Worte des Mannes wieder in den Sinn kamen: „Das einzige Leben, das zählt, ist doch Menschenleben!" Ihr Vater dachte darüber ganz anders. Für ihn hatte jedes Lebewesen ein Recht auf Leben, und Töten war in seinen Augen ein schweres Verbrechen. Linda dachte genauso wie er. Deshalb wollte sie auch später Tierärztin werden, denn da konnte sie Leben retten und den Tod bekämpfen.

Als sie in die Birkenallee einbog, bemerkte sie weder die verschneiten Äste über ihrem Kopf noch die flinken Eichhörnchen. Ihre Gedanken kreisten noch immer um den Hirsch, der tot am Straßenrand lag, und den Mann, der davon überzeugt war, das arme Tier hätte es nicht besser verdient.

Eine hitzige Debatte

Eine Viertelstunde später öffnete Linda die Tür zum Wartezimmer. Toby saß gleich neben dem Eingang am Schreibtisch von Pat Dempwolf, der Sprechstundenhilfe. „Na, daß du dich doch noch blicken läßt? Ich dachte schon, es hätte dich eingeschneit!" begrüßte er sie grinsend. „Pat ist vor einer halben Stunde gegangen, weil sie auf ihr Enkelkind aufpassen muß. Und so bin ich für sie eingesprungen."

Linda sah sich gedankenabwesend im Wartezimmer um, in dem nur noch drei Leute saßen: eine schwarzhaarige Frau mit einem Katzenkorb auf dem Schoß, die Linda nicht kannte. Ihr gegenüber saß der dicke Hank Fowler, der eine ganze Bank für sich allein beanspruchte. Zu seinen Füßen lag sein Jagdhund, der mit traurigen Blicken zu ihm hochschaute. Auf einer anderen Bank hatte Frau Pollock, die wie Dr. Taylor im Vorsitz des Tierschutzvereins war, Platz genommen. Ihr Mischlingshündchen Chester war genauso spindeldürr wie sie. Sie begrüßte Linda mit einem freundlichen Kopfnicken.

Linda erwiderte ihren Gruß und wollte hinausgehen.

„Der Doktor meint, einer von uns beiden soll am Telefon bleiben und der andere die Medikamente in der Krankenstation verteilen", rief Toby ihr nach.

Doch Linda reagierte nicht und schloß die Tür hinter sich. Sie stopfte die Handschuhe in die Anoraktaschen und hängte dann die Jacke in den Garderobenschrank. Daß ihr dichtes kastanienbraunes Haar vom Wind zerzaust war, kümmerte sie nicht.

„Bleibst du hier, oder gehst du rüber in die Krankenstation?" fragte sie Toby ziemlich unfreundlich, als sie ins Wartezimmer zurückkam.

Der Junge schaute sie verwundert an. „Ist dir was über die Leber gelaufen? Oder hab ich was falsch gemacht?"

„Nein, es hat nichts mit dir zu tun", seufzte Linda. „Ich bin nur stocksauer über das, was ich gerade erlebt habe. Der Bus mußte wegen eines Unfalls in der Yorkstraße anhalten. Da bin ich ausgestiegen, um zu Fuß herzulaufen. Und dann sah ich, was passiert war: Ein Autofahrer hatte einen Hirsch überfahren. Und als ich mich bei einem Mann nach dem Tier erkundigte, sagte der doch tatsächlich, es geschähe dem Hirsch ganz recht. Es gäbe sowieso viel zuviel Wild in unserer Gegend!" Die letzten Worte hatte sie so heftig ausgesprochen, daß alle sie hören konnten.

„Aber du mußt doch zugeben, Linda, daß der Mann nicht ganz unrecht hat", mischte sich Herr Fowler ein. „Das Wild ist doch zu einer regelrechten Plage geworden. Letzten Herbst sind gleich mehrere Rehe in meinen Garten eingedrungen und haben sich über das Gemüse hergemacht. Dabei wohne ich nicht einmal in Waldnähe, sondern knapp außerhalb der Stadt."

„Das gleiche ist auch mir passiert", rief die Frau mit dem Katzenkorb. „Die Rehe sind sogar über meinen Blumengarten hergefallen, in den ich so viel Mühe und Arbeit investiert hatte. Bis dahin dachte ich auch, das Wild könnte keinen Schaden anrichten. Die Füchse können auch Tollwut haben. Unvorstellbar, wenn einer meine Kinder ansteckt. Man sollte wirklich etwas gegen diese Wildplage tun."

Aus Rücksicht auf ihren Vater mischte sich Linda nicht in die Diskussion ein. Trotzdem wollte sie die Anschuldigungen nicht im Raum stehen lassen und sagte: „Das Wild verläßt die Wälder, weil diese mehr und mehr gerodet werden. Und das passiert, weil immer mehr Platz für Einkaufszentren oder Siedlungen geschaffen wird. Aber das Wild ist nun mal im Wald zu Hause, und wenn man es dort nicht leben läßt, dann muß es sich neue Lebensräume suchen."

„Stimmt, Linda! Das kann man den Tieren nicht zum Vorwurf machen", mischte sich nun auch Frau Pollock ein. „Warum sollte ihnen nicht das gleiche Recht zustehen wie uns Menschen?"

„Trotzdem. Wenn sie meinen Garten zerstören, dann ist es mein gutes Recht, es der Polizei zu melden", sagte Herr Fowler. „Ich lasse mir doch von den Tieren keinen Schaden anrichten! Und was hast du eigentlich gegen Einkaufszentren, Linda? Wenn du mich fragst, so könnten wir ruhig ein paar mehr haben. Wo ich früher gelebt habe ...“

Zwischen Herrn Fowler, Frau Pollock und der Frau mit dem Katzenkorb entzündete sich eine lebhafte Diskussion. Zu allem Überfluß knurrten sich jetzt auch noch die beiden Hunde an.

„Da siehst du mal, was du angerichtet hast“, sagte Toby vorwurfsvoll zu Linda.

„Das konnte ich doch nicht ahnen. Ich wollte dir lediglich erklären, warum ich sauer bin. Was kann ich denn dafür, daß sie unser Gespräch belauscht haben. Aber wenigstens denkst du so wie ich!“

„Was meinst du?“

„Na, daß Tiere das gleiche Recht haben zu leben wie wir Menschen. Und daß wir kein Recht haben, sie zu töten.“

„Moment mal, das hat Frau Pollock behauptet, nicht ich!“

„Aber trotzdem denkst du doch darüber so wie ich. Du bist doch auch davon überzeugt, daß man auf Tiere Rücksicht nehmen muß. Sonst würdest du doch nicht hier arbeiten, oder?“

Toby antwortete nicht sofort und stöberte auf dem Schreibtisch herum.

„Denkst du nun dasselbe wie ich, oder nicht?“ bohrte Linda ungeduldig nach.

„Nun ja ...“ kam es zögernd über Tobys Lippen. „Natürlich mag ich Tiere. Ich finde, daß die Milchkühe meines Vaters ganz wichtig sind, und deshalb kümmern wir uns auch um sie. Das gleiche denken die Leute, die zu deinem Vater in die Klinik kommen, von ihren Haustieren. Aber Wild ist doch was anderes ..."

„Was ist da anders?" unterbrach ihn Linda.

„Das muß gejagt werden, damit es sich nicht so stark verbreitet. Die Jagd wäre sicher verboten, wenn das Wild vom Aussterben bedroht wäre."

„Aber es sind doch Tiere wie Katzen oder Hunde! Und wenn die Menschen sie weiterhin jagen oder überfahren, dann werden sie eines Tages vom Aussterben bedroht sein!"

„Überfahren und jagen ist nicht das gleiche", meinte Toby gelassen. „Die Jagd ist eine Notwendigkeit und manchmal auch ein Sport. Ich weiß noch, wie stolz ich war, als ich mit elf das erste Reh erlegt habe und meine Mutter uns dann am Abend den Rehbraten auftischte."

Linda starrte ihn entgeistert an. „Was, du gehst jagen? Du gehst in den Wald, um wehrlose Tiere zu töten? Und dann ißt du auch noch ihr Fleisch?"

„Na und? Ach, hätte ich es dir doch nicht gesagt! Ich hätte mir ja denken können, daß du ausflippen würdest ..."

„Was heißt hier ausflippen!" schrie Linda. „Ich bin entsetzt. Ich dachte immer, du wärst genauso tierliebend wie ich!"

„Hör mal zu, Linda", mischte sich nun Herr Fowler ein. „Auch wenn der Junge auf die Jagd geht, so heißt das doch noch lange nicht, daß er kein Tier-

freund ist. Ich bin auch Jäger und liebe meinen Hund.“

Plötzlich fingen die beiden Hunde zu bellen an, und Frau Pollock rief dazwischen: „Was würden denn Sie tun, Herr Fowler, wenn einer behauptete, man könne ohne weiteres auf Hunde schießen und hinterher ihr Fleisch verzehren?“

„Reden Sie doch keinen Blödsinn“, regte sich Herr Fowler auf. „Hunde sind Haustiere, und außerdem plündern sie nicht Felder und Gärten.“ Er wandte sich der Frau mit dem Katzenkorb zu: „Habe ich nicht recht?“

„Ja, gewiß“, meinte die Frau zögernd. „Aber vielleicht müßte man statt der Jagd eine andere Lösung finden.“

„Die gibt es auch“, warf Linda ein. „Ich wüßte gleich mehrere. Man könnte zum Beispiel besondere Zäune errichten und natürliche Abwehrmittel einsetzen, oder ...“

„Alles viel zu zeitaufwendig!“ schnitt Herr Fowler ihr das Wort ab. „Und auch zu teuer. Die beste und billigste Methode ist und bleibt die Jagd.“

Da trat Dr. Taylor mit einem Kaninchen auf dem Arm ins Wartezimmer. Das Tier versuchte erschrocken wegzuspringen, doch der Tierarzt hielt es fest.

„Was ist denn hier los?“ rief er, und augenblicklich verstummten die Hunde. Chester wedelte sogar freudig mit dem Schwanz.

„So ist's recht.“ Dr. Taylor lächelte zufrieden und

drückte der Frau mit dem Katzenkorb das Kaninchen in den Arm. „Kein Grund zur Besorgnis, Frau Walters“, meinte er. „Wenn Sie den Diätplan einhalten, ist Bentleys Verdauung sicher bald wieder in Ordnung.“

Frau Walters setzte das Kaninchen in den Korb. „Vielen Dank, Doktor. Ich hatte schon befürchtet, Bentley hätte die Tollwut. Vor kurzem schlich nämlich ein Fuchs auf unserem Grundstück herum.“

„Keine Sorge, bislang ist mir noch kein Fall von Tollwut untergekommen. Abgesehen von den Verdauungsstörungen ist Bentley völlig gesund.“ Dr. Taylor half Frau Walters in den Mantel und fragte Toby: „Wer ist der nächste?“

Toby schaute auf den Terminkalender. „Chester Pollock. Er kommt zur Impfung.“

Frau Pollock ließ Chesters Leine los. Sofort lief der Hund auf den Tierarzt zu und sprang freudig an ihm hoch.

„Bist du aber übermütig“, lachte Dr. Taylor. „Geht's dir so gut?“ Er nahm die Hundeleine und wandte sich an Chesters Frauchen: „Es dauert nicht lange, Rebecca.“

Auf dem Weg ins Behandlungszimmer wurde er von Herrn Fowler aufgehalten: „Eine Frage noch, Doktor.“

„Schießen Sie los.“

Bei dem Wort „losschießen“ zuckte Linda unwillkürlich zusammen, denn es weckte in ihr unangenehme Gefühle.

„Wir hatten vorhin eine kleine Meinungsverschiedenheit“, meinte Herr Fowler.

„Kleine Meinungsverschiedenheit! Daß ich nicht lache!“ rief Frau Pollock dazwischen und warf Herrn Fowler wütende Blicke zu.

„Es ging um das Wild. Sie wissen ja, daß es bereits in die Gärten vordringt und schon mehrere Autounfälle verursacht hat. Gerade vorhin hat Linda erzählt, daß heute nachmittag ein Hirsch in einen PKW gerannt ist. Ein Glück, daß dem Fahrer nichts passiert ist.“

„Aber der Hirsch ist tot“, warf Linda verbittert ein.

„Und nun wollte ich Sie fragen, Doktor, was Sie von der Wildplage in unserer Gegend halten“, fuhr Herr Fowler fort.

Dr. Taylor setzte zu einer Antwort an, doch Fowler schnitt ihm das Wort ab: „Nächste Woche treffen sich ein paar Leute, um über dieses Thema zu diskutieren. Ich dachte, Sie als Tierarzt könnten uns sicher ein paar gute Ratschläge geben. Oder haben Sie etwa auch Mitleid mit dem Wild, nur weil Sie beruflich damit zu tun haben?“

„Das hat doch nichts mit Mitleid zu tun!“ regte sich Frau Pollock auf.

Dr. Taylor strich sich nachdenklich über den Bart. „Also Hank, Sie wissen ja, daß ich im Vorsitz des Tierschutzvereins bin, um mich für die Tiere einzusetzen.“

„... im Gegensatz zu gewissen anderen Leuten“, brummte Linda, den Blick auf Toby gerichtet.

„Nehmen Sie zum Beispiel Ihren Hund“, fuhr der Tierarzt fort. „Im Gegensatz zum Wild muß er sich sein Futter nicht selbst suchen. Und er verliert auch nicht sein Zuhause, wenn die Wälder gerodet werden. Wie wäre Ihnen denn zumute, wenn er von einem Wagen überfahren würde, Hank? Ich wette, Sie hätten mehr Mitleid mit Ihrem Hund als mit dem Fahrer des Wagens. Und Sie würden ihn sicher auf schnellstem Weg in die Tierklinik bringen.“

„Aber Doktor, Sie wissen ganz genau, daß dieser Vergleich hinkt“, sagte Herr Fowler mit einer abwehrenden Handbewegung.

Der Arzt überging diese Bemerkung und kehrte Fowler den Rücken zu. „Komm, Chester, jetzt bekommst du deine Spritze“, sagte er. Doch ehe er ins Behandlungszimmer ging, drehte er sich noch einmal um. „Natürlich komme ich zu eurer Versammlung, Hank. Ich bin nämlich auch der Meinung, daß unbedingt etwas geschehen muß. Aber Erschießen ist sicher keine Lösung.“ Dann wandte er sich an Frau Pollock: „Sie kommen doch auch, Rebecca?“

„Selbstverständlich. Außer mir werden noch andere Mitglieder des Tierschutzvereins dasein. Unter anderem auch Maggie Rafferty.“

„Ach, die Alte mit dem Tierfimmel!“ stöhnte Herr Fowler. „Die schlägt uns womöglich vor, wir sollen die Böcke ein Leben lang durchfüttern!“

„Maggie hat keinen Tierfimmel“, rief Linda verärgert. „Sie ist nur tierliebend, genauso wie mein

Vater, Frau Pollock und ich. Klar, daß sie entschieden gegen die Jagd sein wird."

„Das befürchte ich auch", sagte Herr Fowler.

„Das wird ja eine heitere Versammlung werden", schmunzelte Frau Pollock. „Ich freue mich schon richtig darauf."

„Ich auch", sagte Dr. Taylor und wandte sich Linda und Toby zu. „Zerbrecht euch jetzt nicht den Kopf über das Wild, sondern seht lieber zu, daß die Tiere in der Krankenstation ihre Medikamente bekommen. Wer übernimmt das?"

„Ich", meldete sich Linda. „Toby will sicher noch hierbleiben, um sich mit Herrn Fowler über den tollen Jagdsport zu unterhalten!"

Toby bekam vor Wut ganz rote Ohren. „Ja, der ist auch toll", sagte er. „Und ein Rehbraten ist ein besonderer Genuß. Iß mal einen, Linda, dann wird dir das vegetarische Essen vergehen!"

„Und mit so was bin ich befreundet!" stöhnte Linda und knallte die Tür hinter sich zu.

Geflüster unter Schwestern

Linda saß schweigend im Wagen, als sie eine Stunde später mit ihrem Vater auf der verschneiten Straße nach Hause fuhr. Die Weihnachtsbeleuchtung erinnerte sie daran, daß sie ja eigentlich den Tier-Treff hatte schmücken wollen. Aber nachdem sich

Toby für sie als Wildtöter entpuppt hatte, war sie nicht mehr in der Stimmung dazu.

„Ich kann mir denken, was in dir vorgeht", sagte der Vater. „Sicherlich bist du von Toby enttäuscht."

„Enttäuscht? Ich bin stocksauer auf ihn", murmelte Linda. „Ich kann es einfach nicht fassen, daß er mich die ganze Zeit beschwindelt hat."

„Wieso beschwindelt? Hast du dich jemals mit ihm über das Jagen von Tieren unterhalten?"

„Nein, das war kein Thema für mich. Er arbeitet doch auch im Tier-Treff; deshalb dachte ich, wir wären uns in diesem Punkt einig. Und weil er mich in diesem Glauben ließ, hat er mich beschwindelt."

„Nein, das kannst du nicht sagen", meinte der Vater und fuhr auf das alte Landhaus zu, in dem die Tierarztfamilie wohnte. „Wahrscheinlich hat er es dir nur verschwiegen, weil er einen Streit vermeiden wollte." Er lächelte verschmitzt. „Und da ich weiß, wie heftig du gleich reagierst, kann ich ihm daraus keinen Vorwurf machen."

Dr. Taylor hielt den Wagen an, und Linda öffnete den Sicherheitsgurt. „Ich finde das gar nicht komisch, Paps", sagte sie ernst. „Das erinnert mich an den Film, den wir gestern abend im Fernsehen gesehen haben. Du weißt schon, der über Dr. Jekyll und Mr. Hyde: Dr. Jekyll war zuerst so nett und freundlich, und dann verwandelte er sich plötzlich in ein schreckliches Monster!"

Sie stapften durch den Schnee zum Eingang. Der Tierarzt legte den Arm um Lindas Schultern. „Ich glaube nicht, daß sich Toby in ein Monster mit Fell und Krallen verwandeln wird", meinte er lachend.

„Mach dich nicht lustig über mich! Du weißt genau, wie ich es gemeint habe."

„Das tu ich auch nicht. Aber du mußt dich damit abfinden, daß es viele nette Leute gibt, wie beispielsweise Toby, die in manchen Dingen anderer Ansicht sind als du und ich. Um auf das Wild zurückzukommen, so können wir nur ein paar vernünftige Vorschläge machen. Und das werden Frau Pollock, Maggie Rafferty und ich am nächsten Mittwoch auf der Versammlung tun."

„Darf ich mitkommen?" fragte Linda, als sie sich vor der Haustür den Schnee von den Stiefeln klopften. „Ich verspreche dir, ich werde nichts sagen, was dich in Verlegenheit bringen könnte. Jill und ein paar andere Freunde wären sicher auch gern dabei. Dann würde Herr Fowler wenigstens sehen, daß sich nicht nur die Alten für das Wild einsetzen."

„Ich danke dir im Namen der Alten für dein freundliches Angebot", sagte Dr. Taylor lachend. „Aber ihr müßt am nächsten Tag zur Schule, und die Sitzung kann bis in die Nacht hinein dauern. Ich hoffe, du siehst ein, daß das nicht geht."

Als sie den Flur betraten, stürmten ihnen Jocko und Andy freudig bellend entgegen. Linda trat einen Schritt zurück, als Andy an ihr hochsprang und seine dicken Pfoten an ihre Brust drückte. „He, du rennst mich ja um!" rief sie lachend.

Während Andy dann den Tierarzt begrüßte, streichelte Linda Jockos schwarz-weiß gefleckten Kopf.

Auf dem Weg in die Küche stellte sich ihnen Frau Racer drohend in den Weg. „Halt, und keinen Schritt weiter!“ befahl die Haushälterin. „Niemand kommt mir mit schmutzigen Stiefeln in die Küche. Wenn nur einer von euch meinen blitzblanken Boden dreckig macht, kündige ich auf der Stelle!“

Linda wußte natürlich, daß Frau Racers Worte nicht ernst gemeint waren. Trotzdem ging sie auf ihre Drohung ein und rief: „Zu Befehl, Frau General!“ und folgte ihrem Vater zur Abstellkammer.

„Entschuldigen Sie, Frau Racer, aber wir Alten sind manchmal vergeßlich“, scherzte Dr. Taylor, als sie in die Küche zurückkamen.

Linda kicherte. „Aber Paps, *du* warst doch nicht damit gemeint.“

„Könntest du mir bitte meinen Stock reichen und mich zum Schaukelstuhl führen?“ fuhr der Vater mit zittriger Stimme fort. „Und dürfte ich dich auch um meine Pfeife und die Pantoffeln bitten?“

„Aber Paps, du bist doch noch lange nicht alt“, lachte Linda.

„Was soll denn dieses Theater?“ Frau Racer schüttelte verwundert den Kopf.

„Das frage ich mich auch“, ertönte plötzlich eine Stimme.

Linda und ihr Vater drehten sich um und sahen Frau Sparks im Türrahmen stehen.

3 4659-8

„Ich hab im Wohnzimmer gewartet, Ted", sagte sie zu Dr. Taylor.

Linda fragte sich, was die hübsche junge Frau diesmal von ihrem Vater wollte. Oder hatte er sie und ihre Tochter Sparky schon wieder zum Essen eingeladen? Linda hoffte, daß ihren Vater und Frau Sparks nur Freundschaft verband. Aber seitdem Frau Racer ihr einmal zugeflüstert hatte, daß die beiden eines Tages vielleicht heiraten würden, war Linda mißtrauisch. Auch wenn sie einsah, daß ihr Vater nicht sein Leben lang Witwer bleiben sollte.

„Tag, Frau Sparks", sagte Linda kühl.

„Catherine, was für eine Überraschung!" Dr. Taylor strahlte über das ganze Gesicht.

„Du hast den alten Herrn recht überzeugend gespielt", meinte Frau Sparks lachend. „Entschuldigt, daß ich euch einfach so überfalle. Aber ich war gerade auf dem Heimweg vom Büro und dachte, ich könnte Philomena abholen. Ich möchte nicht, daß sie bei dem Schnee zu Fuß nach Hause geht. Frau Racer und ich haben in der Zwischenzeit Backrezepte ausgetauscht."

„Aber da du schon mal hier bist, willst du nicht mit Sparky ..." Dr. Taylor stockte, denn Teddy und Sparky platzten zur Tür herein.

„Hallo Paps! Hallo Linda!" rief der neunjährige Junge und rannte auf den Vater zu, um ihn zu umarmen.

„Hat dir Frau Racer auch das Rezept für ihre Schokoladeplätzchen gegeben, Mama?" fragte Sparky.

„Nein, ich wollte ein paar europäische Rezepte: Damenschenkel mit Mandeln, Mohrenköpfe und gebackene Mäuschen."

Sparky rümpfte die Nase. „Igitt, das klingt ja alles eklig. Wer mag schon gebackene Mäuse?"

„Doch keine echten!" sagte Teddy. „Die heißen nur so, weil sie wie Mäuse aussehen."

„Trotzdem möchte ich sie nicht essen", meinte Sparky. Doch dann fiel ihr Blick auf die Haushälterin, und sie fügte rasch hinzu: „Aber wenn die Rezepte von Ihnen sind, dann müssen es leckere Sachen sein, denn niemand backt so gut wie Sie, Frau Racer."

„Ich gebe ja zu, daß die Namen etwas eigenartig klingen, aber die Sachen schmecken wirklich ganz vorzüglich", meinte die Haushälterin.

„Das kann man wohl sagen. Welche Rezepte haben denn Sie Frau Racer gegeben?" fragte Linda Frau Sparks.

„Nur ein einziges: den Schneckenkuchen meiner Großmutter." Sie wandte sich lächelnd ihrer Tochter zu. „Natürlich sind keine Schnecken drin, sondern eine herrliche Marzipanfüllung."

„Genauso wie im Sandkuchen kein Sand ist", fügte Dr. Taylor schmunzelnd hinzu.

„Und im Leberkäse kein Käse!" rief Teddy.

„Die Essenssprache ist wirklich lustig", stellte Sparky fest.

Da ertönte eine Autohupe.

„Das ist sicher mein Sohn Henry", sagte Frau

Racer und nahm die Schürze ab. „Linda, bring mir doch bitte meinen Mantel. Die Stiefel sind in der Abstellkammer, Teddy."

„Ich sage Henry, daß sie gleich kommen", rief Sparky und rannte zur Tür.

„Linda, grüß Erin von mir." Die Haushälterin knöpfte sich den Mantel zu. „Bis morgen, Doktor. Auf Wiedersehen Frau Sparks."

Kaum war Frau Racer gegangen, steckte Frau Sparks die Rezepte in ihre Handtasche und meinte: „Ich glaube, es ist Zeit, daß auch wir aufbrechen. Meine Haushälterin hat einen Braten vorbereitet, und ich möchte nicht, daß er austrocknet."

Dr. Taylor half ihr in den Mantel. „Ich wollte dich eigentlich fragen, ob ihr nicht zum Essen bleiben möchtet. Aber wenn ein Braten auf euch wartet ..."

„Mama, müssen wir wirklich schon gehen?" rief Sparky, als sie mit Teddy in die Küche zurückkam. „Wir wollten dir noch von der tollen Schneeburg erzählen, die wir nach der Schule gebaut haben, und von der Schneeballschlacht mit Billy und Eric und ein paar anderen."

„Ja, ja. Das kannst du mir alles auf dem Heimweg erzählen. Komm, zieh endlich deinen Anorak an."

„Ich geh ja schon", schmollte Sparky.

„Schade, Paps, daß du unsere Schneeballschlacht nicht gesehen hast", sagte Teddy. „Sparky trifft wirklich gut – für ein Mädchen."

„Ich hab genau gehört, was du gesagt hast", maulte Sparky vom Flur herein. „Ich werfe genausogut wie du und besser als Eric!"

Frau Sparks seufzte. „Und ich habe ihr den Namen Philomena gegeben, weil man dabei an ein liebes, sanftes Mädchen denkt! Und was für ein Wildfang ist aus ihr geworden!"

„Ach, da fällt mir noch was ein, Catherine", sagte Dr. Taylor. „Nächsten Mittwoch findet im Rathaus eine Diskussion über die Situation des Wildes statt. Ich werde sicher hingehen. Hättest du nicht Lust, mich zu begleiten? Ich nehme an, du bist auch der Ansicht, daß die Jagd keine Lösung ist."

„Selbstverständlich komme ich mit. Ich finde es schrecklich, daß so viel Wild erlegt wird."

„Alles weitere können wir ja dann am Samstag abend besprechen, wenn wir ins Konzert gehen."

Als Frau Sparks und ihre Tochter gegangen waren, öffnete Linda das Backrohr, um zu sehen, was Frau Racer zubereitet hatte. Doch im Geiste sah sie nur den schwärmerischen Blick des Vaters vor ihr, der Sparkys Mutter gegolten hatte. Aber auch Frau Sparks hatte ihn ganz verliebt angesehen. Seit dem Tod ihrer Mutter, die bei einem Autounfall ums Leben gekommen war, hatte Linda ihren Vater noch nie so glücklich gesehen. Aber nicht nur das – er hatte Frau Sparks auch gebeten, mit ihm auf die Versammlung zu gehen. Und ihr hatte er es verboten! Sie wußte, daß es kindisch war, deswegen Tränen zu vergießen, konnte es aber dennoch nicht verhindern.

„Was hast du denn, Linda?“ fragte Teddy, der in die Küche kam. „Wieso machst du ein so trauriges Gesicht?“

„Das bildest du dir nur ein“, erwiderte Linda und wischte sich die Tränen weg. „Sag mal, bist nicht du heute mit dem Tischdecken dran?“

„Nein, das war gestern. Heute ist Erin an der Reihe. Soll ich runtergehen und es ihr sagen?“

„Laß nur, ich gehe selbst hinunter.“

„Ich will bis zum Abendessen noch ein bißchen fernsehen“, sagte Teddy und verzog sich ins Wohnzimmer.

Linda ging zum Hobbyraum hinunter. Zu ihrem Erstaunen übte ihre jüngere Schwester gar nicht Ballett, sondern kauerte auf einem Berg von Kissen in einer Ecke. Sie hatte ihr Tanztrikot an und die Haare zu einem Knoten gesteckt. Unwillkürlich mußte Linda an ihre Mutter denken, der Erin verblüffend ähnlich sah. Sie warf einen Blick auf die zahlreichen Fotografien an der Wand, die die Mutter in verschiedenen Tanzposen zeigten. Vor ihrer Heirat war Frau Taylor Mitglied des Pennsylvania-Balletts gewesen. Erin war ebenso begabt und zählte zu den besten Schülerinnen ihrer Ballettschule.

Noch mehr aber staunte Linda darüber, daß Erin den Kater auf dem Schoß hatte. Eigentlich mochte Erin ihn nicht so besonders, weil er immer in ihr Zimmer schlich und den Kanarienvogel Dandy erschreckte.

„Ach, da steckst du, Cleveland“, sagte Linda. „Ich hab mich schon gewundert, warum du mich nicht begrüßt hast!“

Der Kater sprang von Erins Schoß und strich schnurrend um Lindas Beine.

„Frau Racer sagte, du würdest üben, dabei sitzt du nur rum.“

„Das wollte ich auch. Aber dann hörte ich Frau Sparks Stimme und hatte plötzlich keine Lust mehr.“

„Das kann ich gut verstehen.“ Linda setzte sich ebenfalls auf die Kissen. „Heute bist du mit dem Tischdecken dran.“

„Ich weiß“, sagte Erin, während sie spielerisch ein paar Ballettposen probierte.

Einen Augenblick lang schwiegen beide. Linda kraulte den Kater auf ihrem Schoß. „Sie ist schon weg“, sagte sie schließlich. „Sie wollte mit Sparky zu Hause essen.“

„Gott sei Dank.“ Erin senkte wieder die Beine. „Ich hasse es, wenn sie einfach so hereinschneit. Sie tut ja ganz so, als gehörte sie zur Familie.“ Sie schaute Linda vorwurfsvoll an. „Du hast doch gesagt, Paps und sie wären nur gute Freunde. Und wieso gehen sie dann andauernd miteinander aus? Auch Frau Racer ist viel zu freundlich zu ihr. Heute hat sie ihr sogar Backrezepte gegeben.“

„Ich weiß. Paps hat sie vorhin gefragt, ob sie ihn auf die Versammlung ins Rathaus begleiten möchte. Du weißt schon, die Diskussion über das Wild.

Und als ich mitkommen wollte, hat er nein gesagt."

„Glaubst du, er wird sie heiraten?" fragte Erin leise. „Das kann er uns doch nicht antun! Frau Sparks kann sich doch nicht mit Mama messen. Und ersetzen kann sie sie erst recht nicht!"

„Das kann niemand!" Linda stand auf. Sie drückte den Kater fest an sich. „Aber wenn er sie heiraten will, dann wird er sicher vorher mit uns darüber reden. Wahrscheinlich hat er sich noch nicht dazu entschlossen." Sie schaute die Schwester an. „Deckst du jetzt den Tisch?"

„Okay." Erin erhob sich mit einem Seufzer. „Aber was ist, wenn er sie doch heiraten will?"

Linda legte ihre Wange auf Clevelands Rücken. „Keine Ahnung. Ich glaube, wir können es nicht verhindern."

„Doch, das können wir", sagte Erin nach einer Weile. „Paps liebt uns und will, daß wir glücklich sind. Wenn er wüßte, daß uns seine Heirat unglücklich machen würde, würde er sicher darauf verzichten."

Cleveland versuchte, sich aus Lindas Armen zu befreien.

„Ich glaube nicht, daß Teddy etwas dagegen hätte", sagte Linda. „Sparky ist seine beste Freundin, und er mag auch Frau Sparks."

„Und du?"

Linda überlegte einen Augenblick. „Wenn wir gegen Frau Sparks sind, dann sind wir auch gegen Paps", meinte sie schließlich.

„Das sind wir auf keinen Fall“, rief Erin und betrachtete ein Foto, das ihre Mutter in der Rolle des Aschenputtels zeigte. „Weißt du noch, was ihr passierte?“

Linda schaute die Schwester entgeistert an. „Meinst du den Autounfall?“

„Nein, den werden wir nie vergessen. Ich meine nicht Mutter, sondern das Aschenputtel. Als seine Mutter starb, heiratete doch ihr Vater wieder, und sie bekam eine böse Stiefmutter.“

Linda verdrehte die Augen. „Mach dich nicht lächerlich! Das ist doch nur ein Märchen. Frau Sparks würde sich nie im Leben so benehmen wie Aschenputtels Stiefmutter!“

„Wann kommt ihr beiden denn endlich rauf?“ rief der Vater die Treppe hinunter. „Das Essen ist längst fertig. Ich habe bereits den Salat angemacht. Und Cleveland sitzt miauend vor dem leeren Futternapf. Beeilt euch also!“

„Wir sind schon unterwegs!“ rief Linda.

„Ich will trotzdem keine Stiefmutter bekommen, egal ob böse oder nicht“, brummte Erin.

„Ich auch nicht“, sagte Linda und war mit einemmal ganz traurig. Warum konnte man nicht in Frieden miteinander leben? Mit Toby war sie zerkracht, und nun sollte es auch noch zu Hause Unfrieden geben.

Ein Notfall

Am nächsten Tag ging Linda statt zum Tier-Treff mit ein paar Freundinnen Schlitten fahren. Als sie den Hang hinuntersauste, den frischen Fahrtwind im Gesicht, fühlte sie sich gleich besser.

Am Freitag begann es erneut zu schneien. Als Linda von der Bushaltestelle zur Tierklinik stapfte, wünschte sie sich, sie könnte auch diesen Nachmittag anders verbringen. Seit Toby ihr gestanden hatte, daß er gerne jagen ging, hatte sie keine Lust mehr, ihn zu sehen. Ihr Vater hätte sicher nichts dagegen gehabt, wenn sie auch heute nicht in den Tier-Treff gekommen wäre. Er fand es nicht so gut, daß sie soviel Zeit in der Klinik zubrachte, anstatt sich mit Gleichaltrigen zu amüsieren. Aber Linda machte nun mal ihre Arbeit Spaß – wenigstens bisher.

Eines war ihr klar: Wenn Toby noch einmal ein Wort über die Jagd verlieren sollte, würde ihr endgültig der Kragen platzen.

„Tag, Linda, schön, dich zu sehen", begrüßte Pat Dempwolf sie gut gelaunt, als sie das Wartezimmer betrat. „Wie du siehst, habe ich bereits den Weihnachtsschmuck angebracht. Bißchen früh, aber was soll's."

Linda sah sich im Raum um. In den Fenstern hingen grüne Girlanden, das Schwarze Brett war mit Tannenzweigen verziert, und die Wände schmückten weihnachtliche Tierbilder.

„Sehr schön", lobte Linda und konnte nur mit Mühe ihre Enttäuschung, daß sie nicht mithelfen durfte, verbergen.

„Wann wird denn der Weihnachtsbaum aufgestellt?" erkundigte sich Herr Geisler, der als letzter im Wartezimmer saß.

„Das dauert noch eine Weile", sagte Linda. „Wir haben immer eine frische Tanne, die erst eine Woche vor Weihnachten gefällt wird." Dann warf sie einen Blick in den Karton, den Herr Geisler auf den Knien hielt, und fragte: „Was fehlt denn dem kleinen Ginger?"

Herr Geisler zuckte mit den Schultern. „Keine Ahnung. Seine Drüsen sind ziemlich angeschwollen. Hoffentlich ist es nichts Ernstes."

„Er hat sich wahrscheinlich mit Streptokokken infiziert. Halb so schlimm. Mein Vater verabreicht ihm ein Antibiotikum, und die Sache hat sich."

„Linda, der Doktor möchte, daß du Toby in der Tierpension hilfst", rief Pat.

„Gibt's nichts anderes zu tun?"

Die Sprechstundenhilfe schaute sie ratlos an. „Da fragst du besser deinen Vater. Er ist im Büro."

Linda ging hinaus und tauschte ihren Anorak gegen einen weißen Kittel. Dann steckte sie kurz ihren Kopf ins Arbeitszimmer: ihr Vater telefonierte gerade und nickte ihr zu.

Linda winkte zurück und schloß wieder die Tür. Dann machte sie sich auf den Weg zur Tierpension.

„Hallo", rief Toby zu ihr herüber, während er einen Kübel Katzenstreu in den Abfalleimer schüttete.

„Hallo", grüßte Linda zurück, ohne ihn anzusehen. Sie öffnete einen Hundekäfig und ließ den kleinen Spitz heraus, der freudig bellend an ihr hochsprang. Dann reinigte sie mit dem Handstaubsauger den Käfigboden.

„Der ist doch schon sauber!" rief Toby.

„Warum sagst du das nicht gleich?" ärgerte sich Linda, schaltete den Staubsauger aus und sperrte den Hund wieder in den Käfig.

„Tuptims Käfig kannst du noch saubermachen", meinte Toby.

Linda öffnete den Käfig der Siamkatze und sammelte die Spielbällchen ein.

„Bist du noch immer sauer auf mich?" fragte Toby.

Linda gab keine Antwort und warf der Katze ein Bällchen hin. Tuptim sprang blitzschnell hinterher.

„Also ich finde dein Verhalten blöde", sagte Toby. „Aber meinetwegen: dann redest du halt nicht mehr mit mir. Eines aber kann ich dir sagen: Ich bin nicht der einzige hier, der jagen geht. Willst du etwa auch alle anderen ignorieren?"

„Die anderen Leute gehen mich nichts an. Aber daß du mitmachst, enttäuscht mich. Vor allem weil ich dich immer für tierliebend gehalten habe."

„Bin ich doch auch", brauste Toby auf. Er öffnete eine Käfigtür. Gleich darauf sprang ein Cockerspaniel heraus und stürzte sich auf die Siamkatze.

Tuptim flüchtete blitzschnell auf das Fensterbrett. Sie fauchte und sträubte das Fell. Der Spaniel bellte sie feindselig an und versuchte zu ihr hochzuspringen – aber er schaffte es nicht. Da begannen auch die anderen Hunde und Katzen zu bellen und zu miauen.

„Da siehst du, was du angerichtet hast!" brüllte Linda. „Wenn du wirklich tierlieb wärst, dann hättest du Jet nicht gleichzeitig mit Tuptim herausgelassen. Frau Wentworth flippt aus, wenn ihrer Katze was zustößt."

Toby machte einen Schritt auf den Hund zu und packte ihn am Halsband. In diesem Augenblick sprang die Katze vom Sims herunter. Sie verfehlte jedoch ihr Opfer, den Cockerspaniel, und bohrte statt dessen ihre Krallen in Tobys Arm.

„Verflixt! Jetzt blute ich auch noch!" schimpfte Toby. „Wenn du jetzt sagst, daß das auch meine Schuld ist, dann ..."

„Was dann?"

„Ach, ich weiß nicht ...", brummte Toby und sperrte den Cockerspaniel in den Käfig. „Ich hole mir ein Pflaster. Machst du allein hier weiter?"

„Gerne, ohne dich geht es sowieso schneller."

„Um so besser. Dann wirst du auch morgen ohne mich auskommen. Ich gehe nämlich mit meinem Vater auf die Jagd!" Mit diesen Worten knallte er die Tür hinter sich zu und ließ Linda wutschnaubend zurück.

Den Rest des Nachmittags versuchten beide, sich aus dem Weg zu gehen. Während Linda in der Krankenstation zu tun hatte, übernahm Toby das Telefon. Und als er dann zum Füttern in die Tierpension ging, eilte Linda in den Stall, um nach ihrem Reitpferd zu sehen. Als sie später ihrem Vater assistierte, half Toby Donna Hartmann, ein paar Regale im *Schönheitssalon* anzubringen.

Gegen fünf Uhr setzte sich Linda an den Schreibtisch der Sprechstundenhilfe, denn Pat hatte etwas zu erledigen. Ausnahmsweise war das Wartezimmer bereits leer. Linda fragte sich, woran das wohl liegen mochte. Entweder waren in Essex die Tiere so gesund, oder ihre Besitzer hatten keine Lust, bei dem Schneegestöber in die Klinik zu fahren.

Sie schaute auf die Wanduhr: nur noch fünfzehn Minuten bis Praxisschluß. Linda begann den Schreibtisch aufzuräumen, als das Telefon klingelte. „Hier Tierarztpraxis Doktor Taylor“, meldete sie sich.

„Linda, bist du’s? Hier ist Maggie Rafferty.“

„Ja, was gibt’s denn, Maggie?“

„Sag bitte Theodor, er soll sofort zu mir kommen. Es handelt sich um einen Notfall.“

„Um Himmels willen, ist was mit Pedro? Oder mit Julia? Oder gar mit Leander?“

„Nein, dem Esel geht’s ausgezeichnet, und auch

die Hunde und Katzen sind gesund. Aber irgend jemand hat eines der Rehe im Gehege angeschossen."

„O nein!" rief Linda entsetzt.

„Zum Glück lebt es noch. Aber nicht mehr lange, wenn dein Vater nicht bald kommt. Ich wickle es inzwischen in eine Wolldecke, damit es nicht erfriert. Sag Theodor, er soll sich beeilen."

Linda knallte den Hörer auf die Gabel und stürmte ins Arbeitszimmer. „Eines von Maggies Rehen wurde angeschossen. Du sollst sofort hinfahren."

Dr. Taylor sprang vom Schreibtisch hoch. „Bring meine Medikamententasche zum Wagen, und sag Toby, er soll mitkommen. Falls wir das Reh in den Wagen legen müssen, kann er uns beim Tragen helfen."

„Toby kann ruhig dableiben", meinte Linda. „Ich bin ebenso stark wie er."

Der Vater schaute sie verwundert an. „Ich weiß zwar nicht, was schon wieder zwischen euch vorgefallen ist, aber sicher ist das nicht so wichtig wie das Leben eines Tieres. Sag ihm also, er soll zum Wagen kommen."

„Aber wundere dich nicht, wenn er nicht mitkommen will. Wahrscheinlich denkt auch er, dem Reh geschieht das ganz recht."

„Ah, das ist es also ..." Dr. Taylor schlüpfte in seine Stiefel. „Du bist also noch immer sauer auf ihn wegen der Jagd?"

Linda nickte.

„Ich kann ja verstehen, daß du enttäuscht bist.

Aber auch wenn er jagen geht, wird er einem verwundeten Tier helfen wollen. Also, wir treffen uns alle beim Wagen."

Linda nahm die Medikamententasche und machte sich auf die Suche nach Toby. Schließlich traf sie ihn in der Krankenstation an, wo er gerade den kranken Tieren die Medikamente verabreichte.

„Wir müssen zu einem Notfall. Paps will, daß du mitkommst."

„Du redest ja wieder mit mir", meinte Toby spöttisch. Doch gleich darauf machte er wieder ein ernstes Gesicht. „Klar komm ich mit. Was ist eigentlich passiert?"

„Maggie hat angerufen: Ein Reh wurde angeschossen. Sieht ziemlich böse aus. Kommst du trotzdem mit?"

„Du meinst, weil es ein Reh ist?" Toby schaute sie ungläubig an. „Ich hab nichts gegen Rehe. Wofür hältst du mich eigentlich? Ich habe gesagt, ich komme mit, und dabei bleibt es."

„Dann beeil dich. Paps wartet schon auf uns."

Sternchen

Während der Fahrt zu Maggie Raffertys Landgut waren alle recht schweigsam. Es hatte bereits zu dämmern begonnen, und dichte Schneeflocken

4 4659-8

wirbelten im Scheinwerferlicht. Nachdem sie die Stadt hinter sich gelassen hatten, fuhren sie auf der Landstraße weiter. Kurz vor dem Landgut bogen sie in einen Feldweg ab. Der Tierarzt mußte sehr langsam fahren, weil der Weg nicht geräumt war.

„Da vorne ist sie!“ Linda deutete auf eine hagere Frauengestalt in Stiefeln und Parka, die ihnen aufgeregt mit der Taschenlampe Zeichen machte.

„Da seid ihr ja endlich“, sagte Maggie erleichtert. „Das Reh liegt dort drüben.“

Sie stiegen rasch aus dem Wagen, und Dr. Taylor wendete das Fahrzeug so, daß die Scheinwerfer auf das verletzte Reh gerichtet waren. Dann folgten sie Maggie durch den tiefen Schnee.

„Ich wollte es in den Stall schaffen, aber es ist zu schwer für mich“, sagte Maggie und hob die Decke hoch. „Der Schuß ging in die Schulter. Sieh dir die Wunde an, Theodor. Aber Vorsicht, sie blutet stark.“

Der Tierarzt kniete nieder und betrachtete das junge zitternde Reh. Es atmete schwer, und die Menschen um das Tier herum machten es ganz unruhig. Voller Mitleid betrachtete Linda seine schönen ängstlichen Augen.

„Das sieht ja schlimm aus“, meinte Toby und wies auf die Blutlache im Schnee.

Dr. Taylor zog seine Handschuhe aus und tastete vorsichtig die Wunde ab. „Ich glaube, die Kugel steckt noch drin. Ich muß das Reh in die Klinik mitnehmen und die Kugel entfernen. Linda, gib mir

bitte das Verbandzeug. Ich will zunächst die Blutung zum Stillstand bringen. Toby, hol mir doch die Bahre aus dem Wagen."

„Meinst du, das Tier wird durchkommen?" fragte Maggie den Tierarzt.

„Ich denke schon. Das hat es nur Ihnen zu verdanken, Maggie. Wenn Sie nicht so schnell reagiert hätten, wäre es gestorben." Er zeigte auf die Wunde. „Angeschossene Tiere erleiden meist einen langsamen und qualvollen Tod."

Linda kniete sich ebenfalls neben dem Reh nieder und sah mit Entsetzen, wie rasch sich der Wattebausch blutrot färbte.

Maggie leuchtete ihnen mit der Taschenlampe. „Wehe, wenn mir der Kerl, der das verbrochen hat, über den Weg läuft!" murmelte sie. „Dem werd ich's zeigen, so daß ihm für immer die Lust aufs Jagen vergeht. Eigentlich sollte ich ihm das arme Tier da zeigen. Da müßte doch selbst der hartgesottenste Jäger Mitleid bekommen."

Linda schaute Toby in die Augen. „Noch immer Lust auf Rehbraten?"

Toby antwortete nicht.

Nachdem der Tierarzt dem verletzten Reh die Schulter verbunden hatte, half Linda ihm, es auf die Bahre zu legen. Dann trugen es Toby und der Tierarzt zum Wagen. Linda setzte sich nach hinten zu dem verletzten Tier und legte seinen Kopf in ihren Schoß. „Du wirst sicher wieder gesund", flüsterte sie, während sie den schlanken Hals streichelte.

„Mein Vater ist der beste Tierarzt. Du brauchst keine Angst zu haben."

„Steigen Sie ein, Maggie", sagte Dr. Taylor. „Ich bringe Sie nach Hause."

Die alte Dame nahm vorne neben Toby und dem Tierarzt Platz. Wenige Minuten später blieben sie vor dem riesigen Landhaus stehen.

„Haltet mich auf dem laufenden über seinen Zustand", bat Maggie, bevor sie aus dem Kombi kletterte. „Ich erwarte einen ausführlichen Bericht, sobald du die Kugel entfernt hast, Theodor."

„Geht in Ordnung. Ich warte noch so lange, bis Sie im Haus sind."

Maggie Rafferty warf ihm einen strafenden Blick zu. „Wofür hältst du mich eigentlich? Für eine klapprige Alte, die man nicht unbeaufsichtigt lassen kann? *Mir* hat man doch nicht in die Schulter geschossen! Also, fahr schon los!"

„Okay. Maggie, könnten Sie mir noch einen Gefallen tun? Würden Sie bei mir zu Hause und bei den Currans anrufen und ihnen sagen, daß wir später kommen?"

„Wird erledigt."

Der Tierarzt wartete, bis die rüstige alte Dame, die früher seine Klassenlehrerin gewesen war, die Eingangstreppe hochstieg. Dann ließ er den Motor an und fuhr, so schnell es die schlechten Straßenverhältnisse zuließen, zum Tier-Treff zurück.

*

Eine halbe Stunde später war die Kugel aus der Schulter entfernt. Mike Strickler, der in der Klinik den Sonntags- und Nachtdienst verrichtete, half ihnen, das Reh in die Krankenstation zu schaffen, wo es in eine Box gelegt wurde.

„Ich kümmere mich schon um unseren Patienten. Wäre ja gelacht, wenn ich das mit meinen hundertvierzehn Jahren nicht mehr schaffen würde", meinte der Tierpfleger mit einem schelmischen Augenzwinkern.

„Daran zweifelt niemand", erwiderte Linda grinsend. Mike Strickler war höchstens achtzig, aber spaßeshalber gab er gerne vor, die Hundert längst überschritten zu haben.

Doch er wurde gleich wieder ernst, als sein Blick auf das Reh fiel. „Armes Tier", sagte er. „Mein Gott, früher bin ich auch auf die Jagd gegangen. Aber das ist schon lange her. Denn seit ich angeschossene Tiere gesehen habe, ist mir die Lust dazu vergangen. Die meisten haben weniger Glück als dieses da, das voraussichtlich überleben wird. Heute würde ich um nichts in der Welt mehr Rehbraten essen ..."

Toby trat nervös auf der Stelle. Er war schon die ganze Zeit auffallend still gewesen.

„Es hat eine Narkose bekommen und wird bestimmt noch lange schlafen", sagte Linda und streichelte dem Reh über den Kopf. „Sehen Sie öfter nach ihm, Mike, und rufen Sie uns an, falls es Fieber bekommt."

Der Tierpfleger nickte. „Sag mal, Linda, hast du ihm eigentlich schon einen Namen gegeben? Ich würde es gern bei seinem Namen nennen."

„Oh, daran habe ich noch gar nicht gedacht!" Linda überlegte einen Moment lang. Dabei fiel ihr Blick auf einen silbernen Stern, der im Fenster hing. „Wie wär's, wenn wir es Sternchen nennen? Das klingt fröhlich und paßt zu ihm."

„Sternchen. Klingt nicht schlecht", meinte der Tierpfleger. „Aber jetzt ist Feierabend, meine Lieben. Sternchen und ich werden schon zurecht kommen."

„Also dann gute Nacht, Mike", sagte Linda.

„Gute Nacht", murmelte Toby und folgte Linda nach draußen.

Dr. Taylor wartete bereits im Flur. Er wirkte müde und abgespannt. „Na endlich! Toby, wir bringen dich selbstverständlich nach Hause. Danke, daß du mitgekommen bist. Du warst wirklich eine große Hilfe."

„Nicht der Rede wert", erwiderte Toby, während er in seinen Anorak schlüpfte. „Sie brauchen mich aber nicht nach Hause zu fahren. Das ist doch ein großer Umweg für Sie. Ich kann auch den Bus nehmen."

„Red keinen Blödsinn", sagte Linda. „Wer weiß, wann der nächste kommt. Bei der Kälte frierst du dich zu Tode!"

„Das wäre dir doch sicher recht!"

Linda zog sich die Wollmütze über die Ohren.

„Schon möglich", bemerkte sie schnippisch. „Aber Paps würde sich Vorwürfe machen."

Sie gingen zum Wagen und fuhren Toby nach Hause. „Also dann bis Dienstag, Toby", sagte Dr. Taylor, als er vor dem Bauernhof anhielt.

„Dann kannst du uns ja berichten, wie viele Rehe du geschossen hast", meinte Linda giftig. „Ehrlich gesagt, ich kann es kaum erwarten."

„Gute Nacht, Doktor. Danke für's Mitnehmen", sagte Toby und überging absichtlich Linda.

Der Tierarzt wartete, bis Toby ins Haus gegangen war. Dann fuhren sie die Landstraße zurück. „Du hättest nicht so grob zu ihm sein dürfen, Linda", sagte Dr. Taylor. „Schließlich hat er sich genauso um das Reh gekümmert wie wir."

„Aber nur, weil es zu seinem Job gehört", entgegnete Linda. „Wenn er wirklich um Sternchen besorgt wäre, dann ginge er morgen nicht auf die Jagd."

„Ah, du hast das Reh Sternchen getauft!" lächelte der Vater. „Ein hübscher Name. Paßt auch zur Jahreszeit. Meine Güte, in wenigen Wochen ist schon Heiligabend! Ich bin noch gar nicht in Weihnachtsstimmung. Und du offensichtlich auch nicht. Wieso hast du eigentlich Pat nicht bei der Weihnachtsdekoration geholfen? Sonst hast doch immer du als erste mit dem Schmücken begonnen."

Linda rutschte etwas tiefer auf ihrem Sitz. „Ich wollte eigentlich am Mittwoch damit beginnen, aber da war der Autounfall und dann noch der Streit mit Toby. Und heute kam die Sache mit Sternchen dazwischen ...", murmelte sie. Daß ihr aber auch wegen Frau Sparks die Lust zum Dekorieren verging, das verschwieg sie.

„Sternchen wird sicher bald wieder gesund", meinte der Vater. „Vergiß nicht, daß das auch Tobys Verdienst ist."

„Ich kann trotzdem nicht mehr mit ihm befreundet sein. Und zu Weihnachten schenke ich ihm auch nichts."

„Das brauchst du doch jetzt noch nicht zu entscheiden. Wart's ab. Vielleicht änderst du noch deine Meinung."

„Ich mache doch einem Wildtöter keine Geschenke!" brummte Linda. „Für mich ist Toby Curran gestorben!"

Als Linda und ihr Vater am Samstag morgen im Tier-Treff ankamen, gingen sie zuallererst in die Krankenstation, um nach Sternchen zu sehen. Mike hatte sie während der Nacht nicht angerufen – offensichtlich waren also keine Komplikationen aufgetreten.

Tatsächlich war Sternchen bereits auf dem Weg der Besserung. Dr. Taylor untersuchte das Reh gründlich und schlug dann vor, es im großen Stall unterzubringen. Dort hätte es auch ein wenig Auslauf.

Gray Ghost wieherte freudig, als er Lindas Stimme hörte, und streckte den Kopf über die Boxtür, um zu sehen, was draußen vor sich ging.

„Ich wette, du hast noch nie ein Reh gesehen", sagte Linda zu dem Apfelschimmel und gab ihm eine Karotte. „Rehe sind freilebende, ganz scheue Tiere. Sternchen ist es nicht gewohnt, eingesperrt zu sein. Sei nett zu ihm, damit es sich wohl fühlt. Okay?" Sie streichelte die samtene Nase des Wallachs und kraulte ihn zwischen den Ohren. „Ich komme in der Mittagspause wieder. Vielleicht können wir dann trotz des Schnees zusammen ausreiten."

„Kommst du, Linda?" rief Dr. Taylor von der Tür aus. „In fünf Minuten ist der erste Termin."

Linda ging mit dem Vater zur Klinik hinüber. Es würde sicher ein anstrengender Tag werden, da Toby nicht mithalf.

Doch als sie das Wartezimmer betraten, saß zu ihrer großen Verwunderung Toby am Schreibtisch der Sprechstundenhilfe.

„Was tust du denn hier?" fragte Linda.

„Na, was meinst du?" grinste Toby. „Arbeiten natürlich!"

„Ja, aber ... aber du sagtest doch ...", stammelte Linda.

Toby brummte etwas vor sich hin.

„Was hast du gesagt?"

„Ich sagte, ich habe verschlafen. Zum Jagen muß man früh aufstehen. Ich habe vergessen, den Wekker zu stellen. Und als ich dann endlich aufwachte, konnte ich meine Socken nicht finden."

„Deine Socken?"

„Ja, meine Socken. Im Winter braucht man beim Jagen besonders warme Socken, damit man nicht an den Zehen friert." Tobys Ohren wurden mit jedem Wort röter. „Doch als ich sie dann endlich gefunden hatte, wollten mein Vater und meine Brüder nicht länger auf mich warten und sind ohne mich losgefahren. Und da ich nichts Besseres vorhatte, bin ich eben hierher gekommen."

Der Tierarzt strich sich über den Bart. Linda sah ihm an, daß er sich das Lachen nur mit Mühe verkneifen konnte. „Also, wir freuen uns jedenfalls, daß du da bist, Toby. Nicht wahr, Linda?" sagte er.

„Ja, natürlich."

Toby schaute Linda an und meinte: „Übrigens, als ich heute morgen hier ankam, wollte ich gleich nach Sternchen sehen. Aber es war nicht mehr in der Krankenstation. Es ist doch nicht ..." Seine Stimme versagte.

„Nein, es ist nicht gestorben", beruhigte ihn Linda. „Es geht ihm sogar schon recht gut. Paps und ich haben es in den großen Stall geführt. Du kannst jetzt zu ihm gehen, wenn du willst. Ich vertrete dich so lange."

„Okay, dann gehe ich mal", sagte Toby. „Ich bin gleich wieder zurück." Vor lauter Eile vergaß er, seine Jacke anzuziehen.

Linda und ihr Vater grinsten sich an. „Es würde mich nicht wundern, wenn er absichtlich vergessen hätte, den Wecker zu stellen", sagte der Vater.

„Meinst du, er hat wegen Sternchen seine Meinung geändert?"

„Möglich. Vielleicht haben es ihm die schönen Rehaugen angetan", scherzte der Tierarzt.

„Wie kannst du nur so was sagen!"

„Du wirst doch wohl noch einen Spaß verstehen, Fräulein Doktor!"

In diesem Augenblick ging die Tür auf und ein schneeweißer Pudel in einem hellblauen Mäntelchen kam hereingetänzelt.

Ihm folgte eine ältere Frau, die bis zu den Ohren eingemummt war. „Guten Morgen, Doktor. Hallo Linda!" flötete sie. „Sind wir nicht pünktlich? Doktor, ich flehe Sie an, seien Sie ganz vorsichtig, wenn sie Glendora den Zahnstein entfernen. Sie hat furchtbar empfindliche Zähne!"

„Mein Vater ist immer vorsichtig", stellte Linda klar. „Erlauben Sie, daß wir uns rasch umziehen gehen. Und dann werden wir alles tun, damit Glendora wieder blendendweiße Zähne hat."

Als Linda ihren Anorak in den Garderobenschrank hängte, pfiff sie fröhlich vor sich hin. Schon lange war sie nicht mehr so gut gelaunt.

„Na, bereits in Weihnachtsstimmung?" fragte der Vater. „Vielleicht bekommst du jetzt doch noch Lust, die anderen Räume zu schmücken?"

Linda strahlte ihn an. „Klar. Und weißt du was? Ich werde Toby fragen, ob er mir beim Dekorieren des Stalles hilft. Gray Ghost und Sternchen sollen es schließlich auch schön haben an Weihnachten."

Familienkonferenz

Linda freute sich so sehr über Tobys Gesinnungswandel, daß sie den ganzen Tag über kein einziges Mal an das andere Problem dachte: die Sache mit Frau Sparks.

Erin aber ging dieses Problem nicht aus dem Kopf. Kaum hatte der Vater am Samstag abend das Haus verlassen, um Frau Sparks zum Konzert abzuholen, ging sie zu Linda und Teddy ins Wohnzimmer. Die beiden sahen sich gerade den Fernsehfilm *Der schwarze Hengst* an. Erin nahm neben Linda auf dem Sofa Platz. „Kann ich dich mal sprechen?" flüsterte sie ihr ins Ohr.

„Ja, aber erst, wenn die Werbung kommt", erwiderte Linda, die Augen weiterhin auf den Bildschirm gerichtet. „Das ist gerade eine ganz tolle Szene."

„Du findest doch jede Szene toll, in der ein Pferd vorkommt", seufzte Erin. „Außerdem hast du den Film schon hundertmal gesehen. Ich habe dir wirklich was Wichtiges zu sagen."

„Könnt ihr nicht den Mund halten?" regte Teddy sich auf, der zwischen den beiden Hunden vor dem Fernsehapparat lag. „Ich verstehe kein Wort!"

„Der Hengst redet doch sowieso nicht, der wiehert doch nur", konterte Erin. „Linda, ich muß unbedingt mit dir sprechen. Du kannst dir bestimmt denken, worum es geht."

„Worum?"

„Na, um Paps und Frau Sparks natürlich."

Als der Film durch eine Waschmittelwerbung unterbrochen wurde, drehte sich Teddy zu den beiden Mädchen um. Vorwurfsvoll schaute er unter seiner Baseballmütze hervor. „Was gibt es denn schon über Erwachsene zu reden?"

„Alles mögliche. Gerade wenn es sich um jemanden handelt, der vielleicht unsere Stiefmutter wird", erwiderte Erin.

„Ist doch Quatsch! Paps heiratet doch nicht mehr", rief Teddy und tollte mit Jocko herum.

„Das ist gar nicht sicher", meinte Erin. „Olivia hat mir heute in der Ballettstunde gesagt, ihre Eltern finden, daß Frau Sparks sehr gut zu Paps paßt. Und Frau Racer denkt das auch. Nicht wahr, Linda?"

„Nun ja, sie kann Frau Sparks sehr gut leiden", gab Linda zu und kraulte Cleveland, der schnurrend auf ihrem Schoß lag.

„Olivia sagt, in der Stadt redet man auch schon darüber, daß Paps und sie heiraten. Aber das dürfen wir auf keinen Fall zulassen."

„Das bildest du dir ein, Erin", rief Teddy. „Stell dir vor, wenn Paps und Frau Sparks heiraten, dann wäre ja Sparky meine Schwester! Paps würde mir das nicht antun."

„Vielleicht doch", beharrte Erin. „Wärst du dann sauer auf ihn?"

„Na ja, nicht gerade sauer, aber toll fände ich es nicht", gab Teddy zu. „Sparky ist eine prima Freundin. Aber wenn sie meine Schwester wäre, könnte sie ja nicht mehr meine Freundin sein. Wem macht es schon Spaß, mit der eigenen Schwester rumzuflachsen oder Schneeballschlachten zu veranstalten?"

„Stimmt, aber das ist noch nicht alles", sagte Erin. „Stell dir vor, Sparky würde herausbekommen, daß du noch Kuschel-Wuschel mit ins Bett nimmst?"

Teddy setzte sich ruckartig auf und schaute sie erschrocken an. „Wenn sie wüßte, daß ich noch immer ein Schmusetier habe, würde sie es sicher den anderen weitererzählen. Und dann würden sich alle über mich lustig machen. Nein, Paps darf Frau Sparks nicht heiraten!"

„Siehst du, Linda!" rief Erin. „Ich habe ja gleich gewußt, daß Teddy auf unserer Seite steht. Keiner von uns will noch eine Schwester und erst recht keine böse Stiefmutter."

Teddy riß die Augen auf. „Glaubst du denn, Frau Sparks würde böse zu uns sein, wenn sie unsere Stiefmutter wäre?"

„Natürlich nicht", lenkte Linda ein. „Erin übertreibt." Bevor die Schwester protestieren konnte, fügte sie rasch hinzu: „Frau Sparks wäre sicher nett zu uns. Erin meint nur, daß sie uns Mama nicht ersetzen kann. Aber du warst ja erst fünf, als sie gestorben ist, und kannst dich wohl kaum noch an sie erinnern."

„Doch“, widersprach Teddy. „Sie war wunderschön und sehr lieb. Und sie roch nach Blumen ...“

Er legte sich wieder flach auf den Boden und vergrub sein Gesicht in Andys dichtem Fell. „Ich will nicht von Mama reden, das macht mich nur traurig“, murmelte er.

„Mich auch“, sagte Erin. „Ich verstehe nicht, daß Paps sie so schnell vergessen konnte.“

„Das stimmt nicht“, widersprach Linda. „Du weißt ganz genau, daß Paps Mama nie vergessen hat.“

„Ist schon gut, es war nicht so gemeint. Aber wieso will er dann Frau Sparks heiraten?“

Der Film lief schon eine ganze Weile weiter, doch Teddy schaute nicht mehr hin. Linda ahnte, daß er mit den Tränen kämpfte, und versuchte, ihn zu trösten: „He, Teddy, schau mal, wie schnell der schwarze Hengst galoppieren kann. Weißt du was, wenn die nächste Werbesendung kommt, gehen wir in die Küche und machen uns Popcorn. Was hältst du davon?“

Der Bruder wischte sich mit dem Ärmel die Tränen weg. „Ja, mit ganz viel Butter“, schniefte er und klang schon wieder fröhlicher.

Als er sich wieder auf den Film konzentrierte, flüsterte Linda Erin zu: „Von jetzt an will ich kein Wort mehr über Paps und Frau Sparks hören. Hast du mich verstanden? Wenn er wirklich vorhat, sie zu heiraten, dann wird er es uns schon rechtzeitig sagen.“

„Okay." Erin sah sich nun auch den Film an. Linda schaute zwar auf den Bildschirm, doch im Geiste sah sie ihre hübsche Mutter vor sich, die den Vater glücklich anlächelte. Damals hatte er noch keinen Bart und keine grauen Schläfen. Und dann mußte sie wieder daran denken, wie verliebt er neulich Frau Sparks angesehen hatte. Richtig jung und glücklich hatte er dabei ausgesehen. Was zählte da noch ihre Meinung und die der Geschwister? Linda wünschte sich, sie könnte mit jemand anderem darüber reden. Mit jemandem, der ihr sagen könnte, wie sie sich verhalten sollte.

„Erzähl mal, Linda: Wie ist denn die Versammlung gestern abend verlaufen", sagte Frau Racer, als Linda am nächsten Tag von der Schule nach Hause kam. „Du weißt schon, die Diskussion über das Wild."

Im ganzen Haus duftete es nach Zimt und Schokolade, denn Frau Racer hatte schon die ersten Weihnachtsplätzchen gebacken.

Linda zwickte sich ein Stückchen von dem Teig ab, den die Haushälterin gerade mit dem Nudelholz auswälzte. „Mmm, köstlich", lobte sie. „Also Papa fand, daß sie recht erfolgreich war. Es waren etliche Jäger da und noch andere Leute, die genauso dachten und erst einmal nichts gegen das Jagen hatten. Aber auch viele vom Tierschutzverein kamen. Und als dann Maggie Rafferty von Sternchen erzählte, das in ihrem Privatgehege angeschossen wurde, wa-

5 4659-8

ren selbst einige Jäger schockiert. Am Ende beschlossen sie, die Zahl der Tiere, die ein Jäger pro Jahr erlegen darf, nicht zu erhöhen. Sie wollen einen Ausschuß gründen. Dieser soll neue Methoden finden, mit denen man das Wild von Feldern und Gärten fernhalten kann. Na ja, so schnell wird sich noch nichts ändern. Aber Paps meint, daß sie auf dem richtigen Weg sind."

„Das klingt doch ganz vernünftig", meinte Frau Racer. „Willst du mir beim Ausstechen helfen? Das ist eigentlich Erins Arbeit, aber heute hatte sie aus irgendeinem Grund keine Lust dazu. Ich glaube, sie ist eingeschnappt, weil ich Frau Sparks ein paar Backrezepte verraten habe. Sie ist zu Olivia gegangen, und Teddy treibt sich draußen rum."

„Ich helfe Ihnen gerne!" Linda krempelte sich die Ärmel hoch. Dann suchte sie sich eine hübsche Ausstechform aus. „Als ich klein war, durfte ich Mama auch immer beim Ausstechen helfen", erzählte sie.

Da sprang Cleveland auf den Küchentisch. „Runter mit dir!" befahl Linda und schubste ihn weg. „Katzen haben beim Plätzchenbacken nichts zu suchen, pflegte Mama zu sagen."

Frau Racer schaute sie von der Seite an. „In letzter Zeit denkst du ziemlich oft an deine Mutter, nicht wahr? Auch Erin und Teddy sprechen jetzt häufiger von ihr."

Linda zuckte mit den Achseln. „Schon möglich", murmelte sie und begann den Teig auszustechen.

„Ich muß auch immer wieder an sie denken", sagte die Haushälterin. „Wie sehr hat sie sich doch immer auf Weihnachten gefreut – wie ein Kind! Frau Sparks ist ihr darin sehr ähnlich."

„Das ist mir noch gar nicht aufgefallen", sagte Linda und legte die letzten Plätzchen auf das Backblech. „Das ist jetzt voll. Kann es schon in den Ofen?"

Frau Racer nahm die fertigen Weihnachtsplätzchen aus der Ofenröhre und schob das nächste Backblech hinein. „Weißt du, Linda", sagte sie, „die Dinge ändern sich, aber das Leben geht weiter. Es ist nicht gut, ständig der Vergangenheit nachzutrauern, denn man vermiest sich damit die Gegenwart und die Zukunft. Du weißt doch, was ich meine?"

„Sie spielen auf Paps und Frau Sparks an, nicht wahr? Sie finden also auch, daß er sie heiraten soll?"

Frau Racer legte eine Teigkugel auf die Tischplatte und bearbeitete sie mit dem Nudelholz. „Ich habe nicht gesagt, daß er sie heiraten *soll.* Aber ich glaube, daß er sie gerne heiraten möchte. Das täte ihm sicher gut, meinst du nicht auch?"

„Ich weiß nicht. Er hat ja noch nicht mit uns darüber gesprochen. Erin glaubt auch, daß er sie heiraten will. Und sie ist genauso dagegen wie Teddy."

Frau Racer legte das Nudelholz beiseite. „Ihr braucht eine Mutter und der Doktor eine Frau. Du kannst von ihm nicht verlangen, daß er sein Leben lang allein bleibt."

„Aber er ist doch nicht allein, er hat ja uns! Und bisher ist doch alles sehr gut gegangen. Wenn er Frau Sparks heiratet, wird alles anders. Wir wollen aber nicht, daß sich was ändert. Alles soll bleiben wie bisher."

Die Haushälterin ging um den Tisch herum und drückte Linda an ihre Brust. „Kopf hoch, Linda! Du mußt auch mal an deinen Vater denken. Er hat schließlich ein Recht darauf, glücklich zu sein. Ich weiß, wie lieb ihr ihn habt und wie sehr er an euch Kindern hängt. Wahrscheinlich würde er euch zuliebe sogar auf diese Heirat verzichten. Aber glaub mir, glücklich wäre er auch nicht. Denk mal in aller Ruhe darüber nach."

„Das tue ich doch ständig", brummte Linda. „Ich denke schon an gar nichts anderes mehr ..." Sie schnupperte. „O weh, die Plätzchen brennen an!"

„Verflixt!" Rasch öffnete Frau Racer den Backofen. „Nein, nein, sie sind nur etwas dunkler ausgefallen." Sie zog das Blech heraus. „Wenn wir viel Zuckerguß draufgeben, sieht's keiner. Jetzt backen wir schnell noch die letzten Plätzchen, und dann müssen wir das Abendessen zubereiten."

„Darf ich jetzt mal den Teig auswalzen?" bat Linda.

„Von mir aus gerne. Mir tun sowieso schon die Arme weh." Frau Racer suchte sich eine Ausstechform. „Ich nehme das Herz", meinte sie und lächelte verschmitzt Linda an. „Speziell für deinen Vater ..."

Linda hielt einen Augenblick inne und sah Frau Racer vorwurfsvoll an. „Sie können es einfach nicht lassen! Mir wäre es trotzdem lieber, wenn Paps nicht wieder heiraten möchte. Ich muß mir das Ganze doch noch mal in Ruhe durch den Kopf gehen lassen."

Doch dazu blieb Linda keine Zeit. Denn gleich nach dem Abendessen berief der Vater eine Familienkonferenz ein. Linda, Erin und Teddy setzten sich auf die Wohnzimmercouch. Der Tierarzt nahm auf seinem Lieblingssessel neben dem Kamin Platz. Davor streckten sich Andy und Jocko auf dem Boden aus.

„Ich möchte etwas mit euch besprechen", begann der Vater und schaute sie alle der Reihe nach an. „Wie ihr wißt, war ich in den vergangenen Monaten ziemlich oft mit Catherine ... Frau Sparks ... zusammen ..."

„Gleich sagt er es", flüsterte Erin Linda ins Ohr.

„Pssst!" zischte Linda zurück.

„Was ich sagen möchte, ist ..." Der Vater zögerte und strich sich über den Bart.

Teddy zog sich seine Baseballmütze tiefer ins Gesicht. Erin verkrampfte die Hände im Schoß. Und Linda verschränkte die Arme vor der Brust. Bis auf das Knistern im Kamin war es mucksmäuschenstill.

„Ich will nicht länger um den heißen Brei herumreden", meinte schließlich Dr. Taylor. „Also, ich möchte Catherine heiraten. Ich habe sie zwar noch nicht gefragt, aber ich bin ziemlich sicher, daß sie ja sagt. Und nun hätte ich gerne von euch gewußt, was ihr davon haltet."

Erin stupste Linda in die Seite. „So sag's ihm doch", flüsterte sie.

Doch Linda schwieg lieber. Frau Racers Worte gingen ihr einfach nicht mehr aus dem Kopf: „Du mußt auch mal an deinen Vater denken. Er hat schließlich ein Recht darauf, glücklich zu sein. Denk mal in aller Ruhe darüber nach ..."

„Wenn du nichts sagst, dann tu ich es!" Erin gab sich einen Ruck und schaute dem Vater fest in die Augen. „Wir möchten nicht, daß du heiratest, Paps", sagte sie. „Wir wollen keine Stiefmutter."

„Ich verstehe." Der Vater wandte sich Teddy zu. „Stimmt das, mein Junge? Hat Erin auch in deinem Namen gesprochen?"

Teddy rutschte etwas tiefer. „Ja, schon. Wenn du Frau Sparks heiratest, dann wird Sparky allen von Kuschel-Wuschel erzählen, und sie werden mich auslachen."

„Vielleicht tut sie das gar nicht", erwiderte der Vater. „Sparky ist deine Freundin; und sie wird es bleiben, auch wenn ihre Mutter und ich heiraten. Und Freunde halten doch zusammen, oder?"

Der Junge überlegte einen Augenblick und sagte dann: „Ja, wahrscheinlich schon. Vor allem, wenn ich Sparky sage, daß ich ihr die Nase einschlage, wenn sie Billy und Eric von Kuschel-Wuschel erzählt."

„Das wird sicher nicht nötig sein", schmunzelte der Vater. „Sonst noch irgendwelche Bedenken?"

Teddy dachte krampfhaft nach. „Nein, eigentlich nicht", meinte er schließlich. „Wenn Sparky bei uns wohnt, hat sie dann die gleichen Aufgaben wie wir?"

Der Vater nickte.

„Dann muß ich die Hunde nicht mehr so oft ausführen? Und Sparky hilft mir auch, die Hamsterkäfige sauberzumachen? Vielleicht kann ich sie dazu bringen, daß sie für mich den Tisch deckt." Teddys Gesicht hellte sich zunehmend auf. „Und Frau Sparks kocht die besten Spaghetti! Okay Paps, von mir aus kannst du sie heiraten!"

„Danke, mein Junge", sagte der Tierarzt feierlich und wandte sich an Linda. „Und du? Bist du auch mit deiner neuen Mutter einverstanden?"

„Ja und nein", murmelte Linda. „Frau Sparks ist sicher ganz okay, und bestimmt würdest du sie nicht heiraten, wenn du sie nicht sehr gern hättest. Aber trotzdem ... Sie kann Mama nicht ersetzen."

„Das stimmt, eure Mutter kann niemand ersetzen. Catherine hat das auch nicht vor. Sie hat euch aber fest ins Herz geschlossen, und ich könnte mir gut vorstellen, daß wir alle zusammen eine sehr glückliche Familie wären."

„Du liebst sie, nicht wahr?" fragte Linda.

„Sentimentales Geschwätz!" rief Teddy und hielt sich die Ohren zu.

„Ja, das tue ich", sagte der Vater.

„Wie kannst du nur!“ empörte sich Erin. „Wie kannst du Mama vergessen und eine andere Frau lieben?“ Ihre Augen füllten sich mit Tränen. „Mama war was Besonderes, und Frau Sparks ist ganz gewöhnlich!“

Dr. Taylor schüttelte den Kopf. „Nein, Erin, da täuschst du dich. Ich finde, Catherine ist ebenfalls was Besonderes. Genauso wie auch du, Linda, Teddy und Sparky alle auf eure Art was Besonderes seid. Und ich liebe euch alle.“

Obwohl Teddy angeblich nicht mehr zuhörte, platzte er jetzt lauthals heraus: „Was, du liebst Sparky?“

Linda warf ihm einen strafenden Blick zu, so daß er schmollend aufstand und mit den Hunden zu spielen begann.

„Natürlich habe ich deine Mutter nicht vergessen, Erin“, fuhr Dr. Taylor fort. „Ich werde sie mein Leben lang nicht vergessen. Wie könnte ich auch? Allein durch euch drei werde ich täglich an sie erinnert. Aber eurer Mutter wäre es bestimmt nicht recht, wenn wir ständig der Vergangenheit nachtrauern. Das Leben geht schließlich weiter.“

„Das sagt Frau Racer auch“, murmelte Linda und legte einen Arm um Erins Schultern. „Und Frau Racer hat immer recht.“ Sie atmete tief durch. „Wenn Paps Frau Sparks heiraten will, dann soll er es tun.“ Kaum hatte sie diese Worte ausgesprochen, bereute sie es: Erin würde ihr das sicher schrecklich übelnehmen.

Und sie hatte sich nicht getäuscht. Erin sprang mit einem Satz vom Sofa und schrie: „Aber als wir neulich darüber gesprochen haben, hast du ganz anders geredet, Linda! Da warst du genauso wie Teddy auf meiner Seite. Da stand es noch drei gegen einen."

„So steht es noch immer", rief Teddy dazwischen. „Nur sind jetzt Linda, Paps und ich auf der einen Seite und du auf der anderen."

Erin wischte sich trotzig mit dem Ärmel die Tränen aus dem Gesicht, obwohl ihr der Vater ein Taschentuch reichte. „Euch ist's doch allen egal, was ich denke", jammerte sie. „Um mich kümmert sich ja sowieso keiner!" Weinend rannte sie aus dem Wohnzimmer und stürmte nach oben. Gleich darauf knallte ihre Zimmertür.

Dr. Taylor erhob sich. „Ich will mal sehen, ob ich eure Schwester beruhigen kann. Wahrscheinlich wird es eine Weile dauern, bis sie sich mit der neuen Situation abgefunden hat." Er lächelte Linda und Teddy zu. „Das gleiche gilt für euch beide. Aber glaubt mir, es wird sich alles zum Guten wenden."

Linda hoffte, ihr Vater würde recht behalten. Doch als sie an Erins tränenüberströmtes Gesicht dachte, kamen ihr ernsthafte Zweifel.

Begegnung im Stall

„Alles in Ordnung zu Hause?“ fragte Jill, als sie mit Linda am Montag nach der Schule Weihnachtseinkäufe machte. Sie bummelten von einem Geschäft zum anderen und schauten sich die Auslagen an. Weihnachtslieder erklangen aus Lautsprechern, und auf den Straßen wimmelte es nur so von Menschen. Alle schienen in Weihnachtsstimmung zu sein. Nur Linda nicht.

„Es geht“, sagte sie und blieb vor einem Spielwarenladen stehen, in dessen Schaufenster kleine Engel um einen künstlichen Tannenbaum tanzten. „Seit Donnerstag abend ist Erin unausstehlich. Sie behauptet, Teddy und ich hätten sie hintergangen. Sie redet kaum was und zieht ständig ein saures Gesicht. Ich kann ja nachempfinden, wie ihr zumute ist. Aber trotzdem hätte ich große Lust, sie zu schütteln, daß ihr Hören und Sehen vergeht.“

„Das ist mir unbegreiflich“, wunderte sich Jill. „Frau Sparks ist doch eine so nette Frau. Meine Eltern finden es auch super, wenn dein Vater und sie heiraten. Und ich auch.“

„Ich aber finde das nicht so toll“, gab Linda zu. „Ich kann mich einfach nicht mit der Idee anfreunden, daß dann zwei Fremde in unserem Haus leben.“

„Aber das sind doch keine fremden Leute", lachte Jill. „Ihr kennt sie doch schon eine ganze Weile."

„Trotzdem. Frau Sparks wird bestimmt einiges verändern, und ich möchte, daß alles so bleibt wie bisher. Das wollen auch Teddy und Erin." Linda seufzte. „Aber Paps will es nun mal so, und ich möchte, daß er glücklich ist. Deshalb finde ich mich jetzt auch damit ab. Komm, gehen wir in den Laden, ich möchte Teddy einen Fußball kaufen."

Jill wartete geduldig, bis Linda den richtigen Fußball gefunden hatte. Er befand sich unter den Sonderangeboten und war um zwanzig Prozent herabgesetzt. „Ich könnte auch gleich noch einen für Sparky mitnehmen", murmelte sie.

Als sie mit zwei Fußbällen an der Kasse anstanden, fragte Jill: „Schenkst du auch Frau Sparks etwas?"

Linda zuckte die Achseln. „Weiß ich noch nicht. Aber wahrscheinlich schon. Ich werde ihr nächste Woche ein Parfum kaufen."

„Welche Marke benützt sie denn?"

„Frag mich was Leichteres!" Lindas Stimme klang gereizt. „Ich kenne sie doch kaum. Aber sicher wird es kein Maiglöckchenduft sein. Das war der Lieblingsduft meiner Mutter." Sie bezahlte die beiden Fußbälle und steckte sie in eine Einkaufstüte. „Gehen wir nach Hause?" fragte sie die Freundin. „Ich glaube, es reicht für heute. Du hast die Geschenke für deine Eltern, und ich habe die für Frau Racer, Sparky, Toby und Teddy. Laß uns zum Bus gehen."

„Von mir aus."

Als sie schwerbepackt zum Ausgang gingen, empfand Linda nicht die geringste Freude. Sonst konnte sie es kaum erwarten, daheim die Geschenke Erin zu zeigen und sie dann mit ihr zusammen in Geschenkpapier zu wickeln. Aber Erin hatte dazu bestimmt keine Lust mehr. Und Lindas Meinung nach war daran nur Frau Sparks schuld.

Der einzige Lichtpunkt in der nächsten Zeit war für Linda der Tier-Treff. Wenn sie ihrem Vater bei der Arbeit half, vergaß sie für eine Weile die schlechte Stimmung, die zu Hause herrschte.

Zu ihrer großen Freude machte Sternchen täglich Fortschritte. Als sie am Donnerstag nachmittag in die Klinik kam, traf sie Toby bei dem Reh an.

„Stell dir vor, Linda, Sternchen hört schon auf seinen Namen!" Toby war begeistert. „Ich brauche ihn nur auszusprechen, und schon dreht Sternchen sich um und schaut mich an." Er beugte sich über die Boxtür und rief: „Sternchen, hallo Sternchen!"

Das Reh hob sofort den Kopf und schaute Toby mit seinen großen Augen an.

„Da staunst du, was?" grinste Toby und hielt dem Reh eine Karotte entgegen. Sternchen kam näher, nahm vorsichtig die Karotte von seinem Handteller ... und verspeiste sie dann.

„Ja, du kennst deinen Namen schon ganz genau, nicht wahr, Sternchen?" sagte Toby, und das Reh spitzte die Ohren.

„Sieht ganz so aus", freute sich Linda. „So ein kluges Tier! Stell dir vor, wenn Maggie uns nicht zu Hilfe gerufen hätte, dann wäre es wahrscheinlich jetzt nicht mehr am Leben."

„Ja", murmelte Toby leise und schaute Linda verlegen an. „Gestern abend gab's bei uns Rehrücken, aber ich hab ihn nicht angerührt. Ich mußte an Sternchen denken, und da ist mir der Appetit vergangen." Er zog den Reißverschluß an seiner Jacke zu. „Ich gehe wieder in die Klinik hinüber. Kommst du mit?"

„Geh schon voraus. Ich möchte noch Gray Ghost guten Tag sagen. Er darf sich nicht wegen Sternchen vernachlässigt fühlen."

Sie ging zur Box des Wallachs. Gray Ghost steckte den Kopf über die Tür und wieherte leise. Zärtlich legte Linda die Arme um seinen Hals und preßte ihr Gesicht in sein seidiges Fell.

„Alles okay?" fragte Toby, der es vorgezogen hatte, auf sie zu warten. „Oder bist du noch immer böse auf mich?"

Linda schaute ihn verwundert an. „Wie kommst du denn darauf?"

„Weil du in letzter Zeit so still warst. Bedrückt dich was?"

Linda hatte ihm noch nicht von den Heiratsplänen ihres Vaters erzählt. Doch jetzt hatte sie keine Lust, darüber zu reden. Sie nahm einen Apfel aus ihrer Anoraktasche und reichte ihn dem Pferd. „Ich hab nur zur Zeit ziemlich viel um die Ohren", sagte sie. „Mit dir hat das wirklich nichts zu tun."

„Dann bin ich ja beruhigt."

Gerade als sie den Stall verlassen wollten, wurde plötzlich die Tür aufgerissen: Zwei kleine vermummte Gestalten stürmten herein.

„Hallo, Toby, wie geht's denn?" rief die im blauen Anorak.

„Hallo, Toby", echote die im gelben Anorak.

„Ach, ihr seid es!" lachte Toby. „Ich hätte euch beinahe nicht erkannt."

Linda war nicht weniger erstaunt. „Was wollt ihr denn hier? Wie seid ihr überhaupt hierher gekommen? Mit dem Autobus?"

„Ach was!" rief Sparky und zog die Kapuze vom Kopf, so daß ihre dünnen Rattenschwänzchen zum Vorschein kamen. „Mama hat uns hergefahren. Sie hat sich heute nachmittag freigenommen, weil sie zum Zahnarzt muß. Und Teddy und ich wollten so gerne Sternchen sehen."

„Wo ist denn das Reh?" fragte Teddy und streifte ebenfalls die Kapuze ab. Doch dann rannte er erst einmal zu Gray Ghosts Box. „Hallo, Ghost, wir haben uns ja schon eine Ewigkeit nicht mehr gesehen", rief er und streichelte den Wallach.

Sparky lief zur Tür. „Komm rein, Mama, du mußt dir Lindas Pferd ansehen." Sie grinste Toby zu. „Weißt du schon, daß Gray Ghost bald zu meiner Familie gehören wird?"

„Wie meinst du das?" fragteToby.

„Hat Linda dir denn nichts erzählt?" wunderte

sich Teddy und stopfte sich die Fäustlinge in die Anoraktaschen. „Paps und Frau Sparks wollen heiraten, und dann werden wir eine große Familie sein. Sparky macht den Haupttreffer: Sie bekommt Paps, Linda, Erin und mich und alle unsere Haustiere. Wir dagegen bekommen nur Sparky, ihre Mutter und den ollen Kater."

„Charly ist nicht alt!" protestierte Sparky und stürzte sich auf Teddy. „Nimm das sofort zurück!"

Teddy zog sie an einem ihrer Rattenschwänzchen, und Sparky brüllte: „Mama, Teddy reißt mich an den Haaren!"

„Nicht so wild, Teddy", ermahnte ihn Frau Sparks und ging auf die Kinder zu. Sie sah richtig flott aus in dem knallroten Anorak, den engen Jeans und den dazu passenden Stiefeln. „Und du, Philomena, mach nicht soviel Krach! Du erschreckst ja die armen Tiere."

Toby schaute zu Linda hinüber, doch sie wich seinem Blick aus. Jetzt wußte er also, was sie bedrückte ...

„Auf Wiedersehen!" sagte Toby zu Frau Sparks, bevor er zur Stalltür hinausging. „Linda, ich sage deinem Vater, daß deine ... hm ... daß Sparky und ihre Mutter gekommen sind."

Teddy und Sparky hatten rasch Sternchens Box entdeckt und spähten über die Tür. „Was für ein schönes Reh", staunte Sparky. „Es sieht genauso aus wie das Rentier, das den Schlitten des Weihnachtsmannes zieht. Nur daß es kein Geweih hat."

6 4659-8

„Weibliche Tiere haben kein Geweih, du Dummkopf", erklärte ihr Teddy. „Deshalb dürfen nur männliche Tiere den Schlitten ziehen. Ihre Geweihe funktionieren wie Antennen, damit die Tiere beim Fliegen nicht die Orientierung verlieren."

„Ach, du mit deinen Science-fiction-Filmen!" stöhnte Sparky.

Während die beiden miteinander rumflachsten, wandte sich Frau Sparks an Linda: „Willst du mich nicht Gray Ghost vorstellen? Ich habe schon eine Menge über ihn gehört, aber leider habe ich ihn noch nie gesehen."

Linda klopfte den Hals des Pferdes. „Also Ghost, darf ich dir Frau Sparks vorstellen? – Frau Sparks, das ist Gray Ghost."

Zu Lindas Überraschung legte Frau Sparks die Arme um den Hals des Wallachs, genauso wie sie selbst es eben getan hatte. Sie drückte die Wange an sein Fell und atmete tief ein. „Es geht nichts über den Geruch eines Pferdes", sagte sie. „Als ich in deinem Alter war, habe ich mich immer gewundert, warum es kein Pferdeparfüm gab. Meine beste Freundin, Celia, war genauso pferdenärrisch wie ich. Und wir beide wollten unbedingt eine Methode erfinden, wie man ein solches Duftwässerchen herstellen könnte. Wir stellten es uns einfach wunderbar vor, diesen Duft ständig um uns zu haben und nicht nur beim Reiten oder im Reitstall."

„Sie haben auch Pferde gemocht, als Sie jung waren? Ich meine, als Sie jünger waren?"

Frau Sparks lachte. „Sehr viel jünger. Und ich bin heute noch in sie vernarrt. Als ich mit Philomena noch in York lebte, bin ich immer reiten gegangen, wenn ich einen Babysitter bekommen konnte. Gibt es eigentlich einen Reitstall in Essex? Bis jetzt ist mir noch keiner untergekommen."

„Nein, leider nicht", erwiderte Linda und hörte sich zu ihrem Staunen sagen: „Sie können aber ohne weiteres hin und wieder auf Ghost ausreiten, wenn Sie wollen. Er sieht allerdings nicht mehr gut, denn er hat an beiden Augen den grauen Star. Deswegen kann er auch nicht mehr an Springturnieren teilnehmen. Aber ansonsten kann man noch prima mit ihm ausreiten, vorausgesetzt, man kann reiten."

„Ich bin zwar kein Champion, aber ich reite seit meinem zwölften Lebensjahr", meinte Frau Sparks. Sie trat einen Schritt zurück und betrachtete Gray Ghost genauer. „Früher habe ich oft in den Zeitungen über ihn gelesen. Es ist eine große Ehre für mich, auf ihm reiten zu dürfen. Ich hätte nicht im Traum daran gedacht, daß ich eines Tages auf einem so berühmten Springpferd reiten werde."

Der Wallach schüttelte die Mähne und tänzelte unruhig, so als hätte er verstanden, daß von ihm die Rede war.

Linda lächelte unwillkürlich, und plötzlich wurde ihr ganz warm ums Herz. „Sie können gerne auf ihm reiten", bot sie freundlich an. „Schließlich gehören Sie ja zur Familie."

Frau Sparks drehte sich zu Linda um. Sie war genauso groß wie Linda, die die größte in ihrer Klasse war. „Möchtest du mich nicht duzen, Linda?“ fragte sie vorsichtig. „Ich würde mich freuen, wenn du und deine Geschwister mich beim Vornamen anreden würdet. Ich erwarte nicht, daß ihr Mama zu mir sagt, denn ich bin nicht eure Mutter. Aber wenn Ted und ich heiraten, dann bin ich nicht mehr Frau Sparks. Was meinst du?“

Linda wußte nicht, was sie antworten sollte, und schaute zu Teddy und Sparky hinüber. Es war ihnen offensichtlich gelungen, Sternchen anzulocken, denn Sparky streichelte gerade sein rötliches Fell. Bald wird sie meine kleine Schwester sein, dachte Linda. Eigentlich ist sie recht nett ...

„Es wird mir nicht leichtfallen, Sie zu duzen, aber ich will es versuchen“, antwortete sie dann auf Frau Sparks Frage. Dann gab sie Gray Ghost zum Abschied einen zärtlichen Klaps und ging mit Frau Sparks zu Sternchens Stall. „Mal sehen, wie es ihm heute geht“, meinte sie. „Es macht von Tag zu Tag Fortschritte. Paps sagt, sobald seine Wunde verheilt ist, bringen wir Sternchen auf die *Wildlife-Farm*. Dort kann es den Winter über bleiben, bis es kräftig genug ist, um in der Natur zu überleben.“

„Wie schade, ich dachte, ihr würdet es behalten.“ Sparky klang enttäuscht.

„Das wäre nicht richtig“, meinte ihre Mutter. „Sternchen ist an ein Leben in Freiheit gewöhnt und muß in den Wald zu den anderen Rehen zurück.“ Sie streichelte Sternchen. „So ein liebes, sanftes Tier! Ihr könnt stolz darauf sein, daß es eurem Vater gelungen ist, Sternchen zu retten."

„Sind wir auch", rief Teddy. „Er ist der beste Tierarzt der Welt!"

„Ich bin auch stolz auf ihn", erwiderte Frau Sparks. Sie wandte sich Linda zu: „Ich finde es phantastisch, daß du in seine Fußstapfen treten willst. Doktor Linda Taylor – klingt richtig gut."

„Nicht wahr?" Linda errötete leicht. „Entschuldigen Sie mich, aber ich muß zur Arbeit. Ich bin sowieso schon reichlich spät dran."

„Und dein Chef ist ein richtiger Sklaventreiber, nicht wahr?" warf Frau Sparks lachend ein. „Kümmere dich nicht um uns. Wir kommen auch allein zurecht. Vielleicht kommen wir einen Augenblick rüber, um guten Tag zu sagen. Bis später also!"

„Bis später ... Catherine", sagte Linda und stürmte davon.

Beim Eislaufen

„Ich komme nicht mit. Ihr könnt auch ohne mich eislaufen gehen", sagte Erin. „Ich bleibe zu Hause und trainiere für meinen Soloauftritt bei unserer Schulfeier. Das ist wichtiger, als mit Sparky und ihrer Mutter auf dem Eis herumzurutschen. Stellt euch vor, ich breche mir ein Bein. Dann könnte ich monatelang nicht mehr tanzen."

Linda verdrehte die Augen und setzte sich neben die Schwester auf das Bett. „Erstens bist du eine ausgezeichnete Eisläuferin und wirst dir nichts brechen. Zweitens hat uns Paps schon am Freitag vorgeschlagen, daß wir heute nachmittag alle gemeinsam Schlittschuh laufen gehen. Warum sagst du erst jetzt, daß du nicht mitkommen willst?"

„Weil du und Teddy so begeistert wart. Mich hat niemand gefragt, was ich davon halte. Das war euch allen schnurzegal!" Sie stand auf, stellte sich vor den Vogelkäfig und steckte den Zeigefinger zwischen die Gitterstäbe. Dandy sprang sogleich darauf und begann zu singen.

„Paps wird schwer enttäuscht sein, wenn du nicht mitkommst", sagte Linda. „Er möchte ..."

Erin zog blitzartig den Finger zurück, so daß der Kanarienvogel erschrocken hochflatterte. „Ja, ja ... Paps möchte, daß wir eine große, glückliche Familie sind. Aber ich will es nicht. Und ich komme auch nicht mit."

Bislang hatte Linda sich bemüht, nachsichtig mit Erin zu sein. Denn Erin trauerte noch immer sehr um die Mutter. Doch jetzt verlor Linda die Geduld. Sie sprang vom Bett hoch, riß die Schranktür auf, zog den erstbesten Pullover heraus und warf ihn wütend der Schwester zu. „Da, zieh ihn sofort an! Und such dir ein paar warme Socken. Ich hole inzwischen deine Schlittschuhe. Du kommst jetzt mit, und wenn ich dich an den Haaren hinauszerren muß!"

Erin starrte die Schwester an. „He, was soll das? Wieso möchtest du auf einmal, daß ich mitkomme?"

„Ich möchte es, weil Paps es möchte. Ich liebe Paps, und ich will, daß er glücklich ist. Aber wenn du dich weiterhin so aufführst, ist er alles andere als das. Vielleicht könntest du zur Abwechslung auch mal an die anderen denken!" Sie ging zu Tür. „In zehn Minuten bist du unten. Dann holen wir Catherine und Sparky ab."

Genau zehn Minuten später betrat Erin das Wohnzimmer. Linda und Teddy warteten dort bereits auf sie. Die Schwester drückte ihr die Schlittschuhe in die Hand.

„Das wird sicher ein Riesenspaß!" freute sich Teddy. „Sparky und ich machen einen Wettlauf. Klar, daß ich gewinne. Komm, gehen wir, Linda! Wo ist denn Paps?"

„Ich nehme an, er telefoniert noch. Vorhin kam ein Anruf für ihn."

„Wir können ja schon im Auto auf ihn warten", schlug Teddy vor.

Er wollte gerade zur Tür hinaus, als der Vater aus dem Arbeitszimmer trat. „Warte mal, Teddy", rief er ihm nach. „Ich fürchte, wir müssen unser Programm ändern."

„Gehen wir nicht zum Eislaufen?" fragte Erin erleichtert.

„Doch, doch. Nur komme ich später nach. Landis Schäferhund Rex hat wieder Krämpfe bekommen.

Ich muß sofort zu ihm. Ich habe bereits Catherine verständigt. Sie kommt euch abholen. Wir treffen uns dann am Weiher."

„Armer Rex", sagte Linda. „Laß mich mitkommen, Paps. Vielleicht brauchst du mich."

„Nicht nötig. Paß lieber auf Teddy und Sparky auf." Er strich über Erins Wange. „Und du kümmerst dich auch um die beiden. Schließlich kannst du am besten von uns allen Schlittschuh laufen."

„Das habe ich Mama zu verdanken", murmelte Erin. „Sie war nicht nur eine gute Tänzerin, sie konnte auch ganz toll Schlittschuh fahren. Mama konnte einfach alles. Ich wette, Frau Sparks kann nicht mal eislaufen."

Der Vater war schon zur Tür hinaus und hatte ihre Worte nicht mehr gehört. Im Gegensatz zu Linda, die Erin anfauchte: „Wenn du noch ein Wort sagst, dann ..."

Teddy war ebenfalls hinausgegangen und wartete nun auf der Eingangstreppe auf Sparky und ihre Mutter.

„Hoffentlich hat Rex keinen schweren Anfall", meinte Linda zu Erin.

Erin erwiderte nichts darauf, sondern starrte trotzig aus dem Fenster.

„Was ist dir denn schon wieder über die Leber gelaufen?" stöhnte Linda. „Redest du jetzt auch nicht mehr mit mir?"

„Du hast es mir doch ausdrücklich verboten. Erinnerst du dich nicht?" erwiderte Erin schnippisch.

Linda seufzte. „Na, das kann ja ein heiterer Nachmittag werden!"

Da hörten sie Teddy rufen: „Sie sind da! Schnell, beeilt euch!"

Der Weiher, der im Winter zugefroren war, lag wenige Kilometer außerhalb der Stadt und gehörte zur McGregors Farm. Es kamen nur seine Freunde und Bekannten hierher. Und da Dr. Taylor zum engen Freundeskreis zählte, war die Tierarztfamilie jederzeit willkommen. Im Gegensatz zum Eislaufplatz von Essex, der immer überfüllt war, hatten die Taylors die meiste Zeit den Teich für sich allein.

Frau Sparks stellte den Wagen am Wegrand ab. Teddy und Sparky sprangen gleich heraus. Dann folgten Linda und Frau Sparks. Erin aber blieb hinten im Wagen sitzen.

„Willst du etwa die ganze Zeit im Auto bleiben?" fragte Linda.

„Mal sehen. Noch habe ich keine Lust, auszusteigen."

„Wie du willst." Linda stapfte durch den Schnee den anderen hinterher. Am Weiher angekommen, zogen sie die Stiefel aus und schlüpften in die Schlittschuhe.

„Deine sind doch für Anfänger!" stellte Teddy fest, als er Sparkys Schlittschuhe sah. „Damit fahren doch kleine Kinder! Ich dachte, du flitzt nur so über das Eis!"

„Tu ich auch. Wart's nur ab. Nicht wahr, Mama?"

„Nun ja ... Sagen wir, du fällst nicht mehr so oft hin wie früher“, schmunzelte Frau Sparks.

Teddy stöhnte. „So ein Mist! Ich hab fest damit gerechnet, daß wir um die Wette rennen.“

„Das kannst du doch auch mit Erin tun“, schlug Frau Sparks vor. „Dein Vater hat mir erzählt, sie ist eine ausgezeichnete Eisläuferin. Sicher ist sie auch schnell.“

„Stimmt, aber mit der kann man nichts mehr anfangen, seit ...“ Teddy stockte, als Linda ihn vorwurfsvoll anschaute, und sagte statt dessen: „Mit der macht's keinen Spaß.“

„Dann fahre eben ich mit dir“, schlug Linda vor. Sie stand auf, klopfte sich den Schnee von den Jeans und ging mit wackeligen Schritten zum Teich. „Von mir aus kann's losgehen. Mal sehen, wer von uns beiden der langsamere ist.“

„Sicher nicht ich!“ rief Teddy und beeilte sich, seine Schlittschuhe zuzuschnüren. Dann folgte er Linda auf die Eisfläche. „Ich zähle bis drei, und dann kann's losgehen!“

„Fahrt aber nicht auf die Mitte hinaus“, rief Frau Sparks ihnen nach. „Das Eis ist dort manchmal dünner.“

„Keine Sorge!“ rief Linda, „wir fahren nur am Ufer entlang.“

Als die beiden wieder zum Ausgangspunkt zurückkamen, hatte Linda ein paar Zentimeter Vorsprung.

„Das ist nicht fair!“ protestierte Teddy. „Du hast

viel längere Beine als ich. Wenn ich so groß wäre wie du, hätte sicher ich gewonnen."

„Da hast du recht. Ich wette, nächstes Jahr wirst du mich schlagen."

„Oder schon nächste Woche", rief Teddy übermütig.

Sparky und ihre Mutter hielten sich an der Hand und glitten vorsichtig über das Eis. Sparky hielt sich etwas unsicher auf den Beinen. „Seht her, wie gut ich schon fahren kann!" rief sie stolz.

„Klasse! Möchtest du mal mit mir fahren?" fragte Linda.

„Gerne!" jubelte Sparky. Sie ließ die Hand ihrer Mutter los und kam schwankend auf Linda zu. Diese fing sie gerade noch rechtzeitig auf. „Toll, eine große Schwester zu haben", grinste Sparky.

„Zwei große Schwestern", verbesserte Linda sie. „Erin wird auch bald deine Schwester sein."

Sparky zog die Stirn kraus. „Ich weiß, aber sie kann mich nicht besonders leiden. Früher schon, aber jetzt nicht mehr."

„Das bildest du dir ein." Linda nahm Sparky an der Hand. „Erin ist nur ..." Sie schaute zum Wagen hinüber und sah, daß Erin noch immer drin saß. „Nur etwas verfroren. Sie sagt, es ist ihr heute zu kalt zum Eislaufen."

Sparky schüttelte den Kopf. „Das glaube ich nicht. Es ist sicher wegen Mama und mir. Sie will nicht, daß wir eine Familie werden."

Linda zog die Kleine mit über die Eisfläche. Sie

wollte ihr auf keinen Fall zustimmen, wußte aber nicht, was sie erwidern sollte. Deshalb fuhr sie immer schneller, damit sich Sparky auf das Laufen konzentrieren mußte und Lindas Schweigen ihr nicht auffiel.

Plötzlich rief Sparky: „Linda, schau mal, wie gut Mama laufen kann!"

Linda blickte in die Richtung, in die Sparky wies. Tatsächlich tanzte Frau Sparks mit graziösen Schritten über das Eis und drehte eine Pirouette nach der anderen.

Auch Teddy war ganz hingerissen, und er versuchte krampfhaft, Frau Sparks Schritte nachzuahmen.

„Toll!" staunte Linda. „Ich hätte nicht gedacht, daß deine Mutter eine so gute Eisläuferin ist."

„Sie kann auch sonst noch eine Menge", erzählte Sparky stolz. „Deshalb will der Doktor sie auch heiraten. Ich finde das prima. Als sich meine Eltern scheiden ließen, hat mir Paps sehr gefehlt, denn er ist nach Texas gezogen und hat wieder geheiratet. Gut, daß Mama jetzt auch wieder heiratet. Dein Vater ist wirklich nett zu mir, im Gegensatz zu Erin."

Linda drückte Sparkys Hand. „Erin mag dich auch. Sie will nur keine Stiefmutter bekommen, selbst wenn sie so nett ist wie deine Mama. Aber das wird sich schon geben – hoffentlich!"

„Das hoffe ich auch", seufzte Sparky und schaute zum Ufer. „Siehst du, jetzt kommt Erin doch noch. Sie zieht sich bereits die Schlittschuhe an.

Meinst du, sie wird mit uns laufen?"
„Vielleicht. Wir können sie ja fragen." Linda zog Sparky mit sich zu Erin an den Rand des Teiches und bremste geräuschvoll ab. „Schön, daß du doch noch kommst!" sagte sie freundlich. „Willst du mit uns laufen?"
„Eigentlich nicht", erwiderte Erin und schnürte sich die Stiefel zu. „Ich fahre lieber allein."
Da kamen auch Frau Sparks und Teddy herbeigelaufen.
„Machst du einen Wettlauf mit mir?" fragte Teddy.
Erin schüttelte den Kopf.
„Schön, daß ich dich mal beim Schlittschuhlaufen bewundern kann", sagte Frau Sparks zu Erin. „Jetzt muß ich eine kleine Verschnaufpause einlegen – dein Bruder hat mich ganz schön geschafft." Sie setzte sich auf einen Baumstumpf. „Wo hast du denn so gut eislaufen gelernt, Erin?"
Erin antwortete wie aus der Pistole geschossen: „Meine Mutter hat es mir beigebracht. Sie war eine tolle Eisläuferin und eine berühmte Ballerina."
„Berühmt war Mama nicht", korrigierte Linda.
„Doch, sie war berühmt. Sie hat in sämtlichen berühmten Ballettstücken die Hauptrolle getanzt. Und sie war sehr schön und konnte auch ganz toll kochen. Sie war die beste Mutter der Welt!" Erin stand auf und glitt an den anderen vorbei aufs Eis hinaus.
Linda schaute ihr nach, wie sie in dem hellblauen

Pullover und der etwas dunkleren Hose graziös über den zugefrorenen Weiher schwebte. Offensichtlich hatte Erin Frau Sparks beim Laufen beobachtet, denn sie tanzte jede ihrer Figuren nach, jedoch besser und anmutiger.

„Angeberin!“ brummte Teddy. „Komm, Sparky, jetzt zeig ich dir mal, wie man Schlittschuh läuft.“

Während die beiden sich vorsichtig aufs Eis wagten, sagte Linda zu Frau Sparks: „Entschuldige Erins Benehmen. Das ist sonst nicht ihre Art.“

„Ich weiß“, seufzte Frau Sparks und ließ die Schultern hängen. „Ich kann ja verstehen, daß sie mich und Philomena ablehnt. Trotzdem gebe ich nicht die Hoffnung auf, daß ich sie eines Tages davon überzeugen kann, daß ...“ Sie hielt inne und beschattete ihre Augen mit der Hand. „Erin, fahr nicht auf die Mitte hinaus, das Eis kann dort dünner sein!“ rief sie.

Doch Erin tanzte unbeirrt auf der Mitte des Teiches weiter. „Sie können mir nichts verbieten, Sie sind nicht meine Mutter! Ich fahre, wo ich will.“

„Sei nicht so frech und tu gefälligst, was Frau Sparks sagt“, rief Linda ihr zu.

„Ich brauche weder auf sie noch auf dich zu hören! Der einzige, der mir was anschaffen kann, ist Paps!“ Erin drehte eine noch schnellere Pirouette.

Plötzlich hörten sie ein lautes Krachen. Linda stockte der Atem. Erschrocken griff sie nach Frau Sparks Ärmel.

Erin stieß einen gellenden Schrei aus, stürzte zu

Boden und brach im Eis ein.

Wenige Sekunden später waren Frau Sparks und Linda an der Unglücksstelle. Erin steckte bis zur Brust im eiskalten Wasser und klammerte sich verzweifelt an der Eisdecke fest.

„Sei vorsichtig, Catherine, damit du nicht auch noch einbrichst." Linda sah, wie Frau Sparks sich Erin näherte. Frau Sparks kniete nieder und legte sich dann langsam auf den Boden. „Halte mich an den Füßen fest!" befahl sie Linda und streckte Erin die Arme entgegen. „Wenn ich sage: ‚ziehen', dann mußt du fest ziehen, verstanden, Linda?"

Linda versuchte, Ruhe zu bewahren, und rief der Schwester zu: „Halte dich an Catherines Händen fest! Wir holen dich gleich raus."

Keuchend und schluchzend befolgte Erin den Rat.

„Zieh jetzt, Linda! Zieh!" rief Frau Sparks.

Linda zog mit aller Kraft an Catherines Beinen, und erst als Teddy hinter ihr rief: „Keine Angst, Erin, wir holen dich schon raus", merkte sie, daß auch der Bruder an ihren Beinen zog.

Es kam allen wie eine Ewigkeit vor, bis Erin endlich auf der Eisdecke lag. Ihr Gesicht war so weiß wie der Schnee, und sie zitterte am ganzen Körper. Frau Sparks nahm sie in die Arme und drückte sie fest an sich. „Gott sei Dank", flüsterte sie. „Das hätte schlimm ausgehen können."

„Ich will nach Hause", stammelte Erin mit klappernden Zähnen.

7 4659-8

Glück im Unglück

Frau Sparks, die normalerweise eine sehr vorsichtige Autofahrerin war, fuhr mit Spitzengeschwindigkeit zu den Taylors nach Hause.

Während der Fahrt half Linda Erin beim Ausziehen der nassen Kleidung und hüllte sie in die Wolldecke, die Frau Sparks aus dem Kofferraum geholt hatte. Sie rieb ihr Arme und Beine warm, doch die Schwester kauerte noch immer zitternd und zähneklappernd auf dem Rücksitz. Teddy und Sparky, die schweigend vorne saßen, drehten fortwährend die Köpfe zu ihr um und schauten sie mitleidsvoll an.

Als der Wagen laut quietschend vor dem Landhaus der Tierarztfamilie anhielt, stiegen sie rasch aus. Linda und Frau Sparks nahmen Erin in die Mitte und führten sie ins Haus.

„Wir bringen sie sofort auf ihr Zimmer", sagte Frau Sparks zu Linda. „Rufe dann gleich Doktor O'Toole an. Sag ihm, er soll sofort kommen. Vielleicht solltest du auch Herrn Landis anrufen. Wenn dein Vater noch dort ist, sag ihm, was passiert ist, aber bring es ihm schonend bei." Sie wandte sich ihrer Tochter zu. „Philomena, könntest du bitte den Teekessel aufsetzen? Erin muß was Heißes trinken. Einen Tee oder eine Tasse Brühe. Und du, Teddy, hol mir noch Wolldecken und ein Heizkissen."

Oben angekommen, zog Frau Sparks Erin ein Flanellnachthemd an und brachte sie ins Bett.

Linda telefonierte inzwischen mit dem Arzt und Herrn Landis. „Doktor O'Toole kommt gleich“, sagte sie zu Frau Sparks, als sie in Erins Zimmer zurückkam. „Herr Landis hat gesagt, Paps ist bereits zum Weiher gefahren. Wenn er dort aber deinen Wagen nicht sieht, wird er sicher nach Hause fahren.“

Teddy brachte zwei Decken und ein elektrisches Heizkissen, das Frau Sparks gleich ansteckte und Erin unter den Rücken legte. Dann wickelte sie sie fest in die Wolldecken.

„So, jetzt wird dir bald wärmer werden“, murmelte sie und rieb Erins eiskalte Hände. „Keine Sorge, das kriegen wir schon wieder hin.“

Als Cleveland miauend ins Zimmer schlich, packte ihn Linda und legte ihn zu Erin ins Bett. „Katzen sind die besten Heizkissen“, sagte sie. „Ihre Körpertemperatur ist viel höher als unsere. Lege ihn dir auf die Brust, und du wirst sehen, wie angenehm das ist.“

Dann kam Sparky mit einer Tasse Kamillentee herein. „Der wird dir sicher guttun, Erin!“

Erin setzte sich auf und schlürfte den dampfenden Tee. „Schmeckt prima, danke, Sparky“, sagte sie, klang jedoch nicht sehr überzeugend.

Frau Sparks stand vom Bett auf und ging ans Fenster. „Doktor O'Toole müßte längst dasein. Ich frage mich, wo er denn so lange bleibt.“

„Ich habe ihn doch erst vor ein paar Minuten angerufen", erwiderte Linda. „Mir wäre lieber, Paps würde endlich kommen."

„Mir auch", murmelte Erin, die Tasse an den Lippen. „Aua!"

„Was hast du denn?" fragte Linda. „Hast du dir die Zunge verbrannt?"

„Nein, Cleveland hat seine Krallen in mich gebohrt!"

„Das machen Katzen manchmal, wenn sie sich wohl fühlen. Frau Racer nennt das Brotteigkneten. Da du aber so selten mit ihm schmust, kannst du das nicht wissen."

Da rief auf einmal Sparky, die mit ihrer Mutter aus dem Fenster schaute: „Doktor O'Toole ist da!"

Teddy rannte die Treppe hinunter und öffnete die Tür, noch ehe der Arzt geklingelt hatte. Er führte ihn zu Erin hinauf.

„O Jack, bin ich froh, daß Sie da sind!" rief Frau Sparks. „Danke, daß sie so rasch gekommen sind."

„Keine Ursache", meinte der junge Arzt. „Jetzt werde ich mir mal unsere Patientin ansehen." Er ging auf Erin zu und streichelte ihre Wange. „Wie ich hörte, wolltest du noch zu dieser Jahreszeit schwimmen gehen", meinte er scherzhaft, und seine Augen zwinkerten ihr hinter der Nickelbrille zu.

Er öffnete die Medikamententasche, nahm ein Fieberthermometer heraus und steckte es Erin in den Mund. Dann schlug er die Decken zurück und machte große Augen, als Cleveland ihn verschlafen anschaute.

Schmunzelnd wandte sich Dr. O'Toole an Linda. „Du hast mir gar nicht gesagt, daß es sich um zwei Patienten handelt. War Cleveland denn auch Schlittschuh laufen?"

Teddy und Sparky kicherten, und Erin lächelte matt.

„Nein, er soll sie nur ein wenig wärmen", erklärte Linda.

Nachdem der Arzt Erin gründlich untersucht hatte, nahm er ihr das Fieberthermometer aus dem Mund. „Die Temperatur ist nur leicht erhöht. In ein paar Tagen bist du wieder völlig gesund." Er wandte sich Frau Sparks zu: „Catherine, sie soll viel Heißes trinken. Ansonsten braucht sie nur Ruhe." Er deckte Erin und den Kater wieder zu.

„Auf Wiedersehen, Doktor", murmelte Erin schwach.

„Du hattest riesiges Glück, Erin", sagte der Arzt. „Wenn deine Familie dich nicht aus dem Wasser gezogen hätte, wärst du jetzt mausetot." Er schaute Linda, Teddy und Sparky an. „Ich kann euch nur raten: geht nie allein eislaufen! Versprecht ihr mir das?"

„Ja", sagten Teddy und Sparky wie aus einem Mund, und Linda nickte ernst.

„Aber jetzt entschuldigt mich. Ich möchte nach Hause und mir das Fußballspiel im Fernsehen zu Ende ansehen."

„Ich begleite Sie noch zur Tür, Jack", bot Frau Sparks an.

„Auf welchem Kanal ist denn das Match?" rief Teddy Dr. O'Toole nach.

„Kanal acht. Bis zur Halbzeit war es unentschieden."

„Komm, Sparky, das sehen wir uns an!" Und schon stürmten Teddy und Sparky ins Wohnzimmer hinunter.

Linda ließ sich vorsichtig auf der Bettkante nieder, um sich nicht auf Cleveland zu setzen, der noch immer unter der Bettdecke lag. „Noch etwas Tee?"

Erin rümpfte die Nase. „Nein, ich mag doch keinen Kamillentee. Ich habe ihn nur getrunken, um Sparky nicht zu kränken. Viel lieber wäre mir heiße Schokolade."

„Okay, ich mach dir eine. Eigentlich hätte ich auch Lust auf eine Tasse."

„Hm ... meinst du nicht, Frau Sparks sollte sie zubereiten? Neulich hast du doch die Milch überkochen lassen, und dann hat es stundenlang in der Küche gestunken."

Linda grinste. „Wahrscheinlich hast du recht. Ich bringe uns aber ein paar Plätzchen rauf."

Erin rückte sich das Kopfkissen zurecht und schloß die Augen. Die einzigen Geräusche im Zimmer waren das leise Zirpen des Kanarienvogels und Clevelands gedämpftes Schnurren.

„Erin, ich finde, du solltest dich bei Catherine entschuldigen", meinte Linda leise. „Du warst heute ziemlich grob zu ihr. Außerdem mußt du dich bedanken, daß sie dich gerettet hat. Ohne sie hätten wir es sicher nicht geschafft. Hörst du mir eigentlich zu?"

Doch die Schwester war bereits eingeschlafen, oder zumindest tat sie so. Linda betrachtete ihr blasses Gesicht und das silberblonde Haar. Unwillkürlich mußte sie an den Weihnachtsengel denken, der jedes Jahr die Spitze ihres Christbaumes zierte. Konnte ihr denn jemand mit einem solchen Engelsgesicht was vormachen? Denn für eine Schlafende waren Erins Augen ein wenig zu fest geschlossen, fand Linda.

Da fiel Linda ein, daß sie irgendwo gelesen hatte, Schlafende könnten manchmal hören, was man zu ihnen sagte. Und so flüsterte sie Erin zu: „Du hast eine falsche Meinung von Catherine. Sie ist keine gewöhnliche Frau. Sie ist nicht nur sehr nett, sondern auch mutig. Sie ist was Besonderes, genau wie Mama. Willst du ihr nicht eine Chance geben?"

Erins Wimpern zuckten, doch sie öffnete die Augen nicht. Linda seufzte. „Ich weiß nicht, ob du mich hörst oder nicht. Aber wenn ja, dann denk darüber nach." Sie gab Erin einen Kuß auf die Stirn und Cleveland einen liebevollen Klaps. Dann ging sie auf Zehenspitzen hinaus und machte leise die Tür hinter sich zu.

Unten traf sie Catherine in der Küche. Frau Sparks goß gerade Milch in einen Topf. Neben dem Herd stand die Kakaodose. „Ich mache heiße Schokolade für Erin", sagte sie zu Linda. „Ich habe den

Eindruck, sie mag keinen Kamillentee und hat ihn nur Sparky zuliebe getrunken."

„Du scheinst wirklich Gedanken lesen zu können", erwiderte Linda lachend. „Gerade vorhin hat Erin gesagt, sie möchte eine Tasse Kakao. Aber jetzt schläft sie – oder tut nur so. Ich bringe ihr ein paar Plätzchen hinauf."

Jocko und Andy folgten ihr in die Speisekammer und schauten schwanzwedelnd zu dem Regal hoch, auf dem die Hundekekse standen. „Ich hab schon verstanden", schmunzelte Linda und gab jedem einen Hundekeks, bevor sie die Weihnachtsplätzchen in die Küche trug.

Catherine saß am Küchentisch. Sie wirkte müde.

„Alles in Ordnung, Catherine?" fragte Linda.

„Mir war nur ein wenig schwindlig." Frau Sparks zwang sich zu einem Lächeln. „In kritischen Situationen bin ich ziemlich stark, doch wenn sie vorüber sind, klappe ich zusammen." Sie hielt sich die Hände vors Gesicht und sagte leise: „O Linda, so eine Angst wie heute habe ich das letzte Mal ausgestanden, als Philomena gerade ein Jahr alt war und vierzig Grad Fieber bekam. Wenn du mir nicht geholfen hättest, Erin aus dem Wasser zu ziehen, wäre sie ertrunken oder erfroren. Und ich wäre schuld gewesen."

Linda starrte sie an. „Wieso denn du? Du hast sie doch gewarnt, aber sie hat nicht auf dich hören wollen. Erin kann furchtbar dickköpfig sein."

Frau Sparks schüttelte den Kopf. „Ich hätte nicht

nachgeben dürfen und sie ans Ufer holen müssen. Aber ich habe es unterlassen, weil ich ihr nicht den Eindruck der strengen Stiefmutter vermitteln wollte. Sie hat ja sowieso schon so viele Vorurteile gegen mich."

„Aber du konntest schließlich nicht wissen, wie dünn das Eis war. Und du hast ihr das Leben gerettet! Ich habe dich doch nur an den Füßen gehalten. Du warst unglaublich mutig, Catherine!"

„Das ist nicht wahr", seufzte Frau Sparks. „Vielleicht hat Erin recht: Vielleicht sollte ich deinen Vater lieber nicht heiraten, wenn ich es nicht einmal schaffe, auf euch Kinder aufzupassen."

Linda hörte ein dumpfes Geräusch im Nebenzimmer, doch sie schenkte ihm keine Beachtung. „Das ist nicht wahr, Catherine. Ehrlich gesagt, am Anfang war ich auch nicht begeistert, aber dann habe ich meine Meinung geändert. Genau wie Teddy. Und Erin wird es auch noch tun. Du wirst schon sehen."

Frau Sparks dunkle Augen füllten sich mit Tränen. „Ich wünschte, ich könnte es glauben", sagte sie entmutigt und wischte sich die Tränen weg. „Wenn ich doch Erin nur davon überzeugen könnte, wie sehr ich euch liebe und daß wir eine glückliche Familie sein werden!"

„Aber das hast du ihr doch schon heute nachmittag bewiesen", sagte Linda. „Früher oder später wird Erin das einsehen. Manchmal ist sie einfach schrecklich eigensinnig."

Frau Sparks ergriff Lindas Hand. „Ich danke dir. Jetzt geht's mir schon wieder besser. Ich hoffe nur, daß alles gutgeht. O Gott, die Milch kocht über!"

Doch bevor Linda zum Herd stürzen konnte, kam Erin ihr zuvor, die in Nachthemd und Pantoffeln dastand und das Gas abdrehte. Dann stellte sie die überkochende Milch beiseite und blies den Schaum weg. „Eigentlich solltet ihr es wenigstens zu zweit schaffen, eine Kanne Schokolade zu machen! Wahrscheinlich bin ich auch noch nach Paps' Heirat die einzige im Haus, die was vom Kochen versteht."

Linda und Frau Sparks sahen sich lachend an.

„Weißt du was, Erin, ich glaube, du hast vollkommen recht", sagte Catherine. „Wie wär's, würdest du mir helfen, und wir fangen noch einmal von vorne an?"

Linda war klar, daß mit diesem Satz nicht nur der Kakao gemeint war.

„Okay", sagte Erin gutmütig. „Wir nehmen aber einen anderen Topf, dieser hier muß eingeweicht werden."

„Bist du sicher, daß dir das nicht zuviel wird?" fragte Linda, während sie frische Milch aus dem Kühlschrank holte. „Du hast ja nicht lange geschlafen."

„Ich war nicht so müde, wie ich dachte." Erin wich Lindas Blick aus, als sie den angebrannten Topf mit Wasser füllte. „Wie kann man auch schlafen, wenn jemand mit einem oder *über* einen redet?" Sie schaute Linda vorwurfsvoll an. „Und damit du es weißt: Ich bin kein Dickkopf!“

„Ah, jetzt verstehe ich, was das Geräusch im Wohnzimmer zu bedeuten hatte“, grinste Linda. „Du hast nebenan gelauscht. Oder besser, du bist schlafgewandelt und hast dabei zufällig unser Gespräch mitbekommen.“

Erin ging nicht auf sie ein, sondern sagte zu Frau Sparks: „Ich glaube, Catherine, wir sollten eine große Kanne Schokolade machen. Paps kann jeden Augenblick kommen, und er liebt heißen Kakao.“

„Ich weiß“, erwiderte Frau Sparks. Sie legte die Hände auf Erins Schultern und schaute sie zärtlich an. „Aber es gibt bestimmt noch eine ganze Menge Dinge über ihn, die ich nicht weiß. Sparky und ich werden sie nur kennenlernen, wenn du, Linda und Teddy uns dabei helft. Willst du das tun, Erin?“

Erin nickte ernst, doch gleich darauf grinste sie: „Das war das erste Mal, Catherine, daß Sie Sparky Sparky genannt haben.“

Frau Sparks schmunzelte ebenfalls. „Und du hast zum ersten Mal Catherine zu mir gesagt. Es wäre schön, wenn du mich von nun an immer so nennen würdest. Vielleicht kannst du mich auch eines Tages duzen.“

„Ich werd's versuchen.“ Erin wurde wieder ernst. „Es war nicht deine Schuld, Catherine, daß ich ins Eis eingebrochen bin. Ich war ganz einfach wütend und ...“

„Und dickköpfig“, vollendete Linda den Satz.

„Ja, das stimmt. Und es tut mir leid, Catherine. Danke, daß du mich gerettet hast. Und was deine Heirat mit Paps angeht, so ändere bitte nicht deine Meinung. Schließlich hätte er eine viel schlechtere Wahl treffen können."

Linda seufzte. Doch Frau Sparks brach in Gelächter aus und schloß Erin in die Arme. „Sie hat ganz recht", sagte sie zu Linda gewandt und legte das Gesicht auf Erins seidiges Haar. „Das ist wahrscheinlich das netteste Kompliment, das man mir je gemacht hat."

Bald darauf kam Dr. Taylor nach Hause. Er bedauerte es, daß er nicht zum Eislaufen hatte kommen können, aber die Behandlung von Rex hatte mehr Zeit als geplant in Anspruch genommen.

Teddy und Sparky kamen in die Küche gerannt und konnten es nicht abwarten, dem Tierarzt zu erzählen, was alles während seiner Abwesenheit vorgefallen war.

„Catherine hat mir das Leben gerettet, Paps", sagte Erin. „Sie ist wirklich eine tolle Frau."

Der Vater legte einen Arm um Erin, den anderen um Catherine. „Ja, das ist sie", sagte er mit belegter Stimme.

Plötzlich war die Weihnachsstimmung da, von der Linda bis jetzt noch nichts gespürt hatte. Und sie war fest davon überzeugt, daß Weihnachten diesmal so schön wie schon lange nicht mehr sein würde.

Die Weihnachtsparty

Nun waren es nur noch neun Tage bis Weihnachten. Und Linda hatte mit einemmal das Gefühl, sie würde mit den Vorbereitungen nicht fertig werden.

Sie mußte noch Weihnachtskarten verschicken, etliche Geschenke besorgen und zu ein paar Weihnachtsfeiern gehen. Und das alles zusätzlich zur Schule und zur Arbeit im Tier-Treff.

Am Montag traf sie sich nach der Schule mit Erin, Teddy und Sparky im *Tierparadies*, denn auch die Haustiere sollten ein Weihnachtsgeschenk bekommen. Bei den Katzen brauchten Linda und Sparky nicht lange zu überlegen: die bekamen eine Spielmaus. Erin und Teddy opferten ihr ganzes Taschengeld, um für Andy und Jocko zwei Büffelhautknochen zu kaufen.

Erin suchte außerdem für ihren Kanarienvogel einen kleinen Spiegel aus. Er sollte glauben, ein zweiter Vogel sei in seinem Käfig und sich weniger einsam fühlen.

Teddys Hamster bekamen ihr Lieblingsfutter, und Linda entschied sich schließlich für ein neues Halfter für Gray Ghost.

„Was sollen wir Sternchen schenken?“ fragte Sparky. „Auch wenn es kein Haustier ist, sollte es etwas bekommen.“

„Das schönste Geschenk, das wir ihm machen können, ist die Freiheit", sagte Linda. „Aber die kann Sternchen erst bekommen, wenn es wieder ganz gesund ist. Was haltet ihr von einem Bund Karotten? Die frißt es doch so gern."

An den beiden folgenden Tagen war Linda im Tier-Treff beschäftigt. Am Donnerstag war sie mit Jill zu einem Einkaufsbummel verabredet. Sie brauchte noch Geschenke für Mike, Pat, Erin, den Vater und Catherine.

Sie überlegte lange, was sie Catherine schenken sollte. Aber da sie nun wußte, wie sehr Catherine Pferde mochte, entschied sie sich schließlich für ein Seidentuch, auf dem Pferdeköpfe, Zügel und Steigbügel abgebildet waren.

„Ich freue mich, daß du deine Meinung über Frau Sparks geändert hast", sagte Jill, als Linda das Tuch in die Einkaufstüte steckte. „Aber wolltest du ihr nicht ursprünglich ein Parfüm schenken?"

„Ja, aber da kannte ich sie noch nicht so gut." Da fiel Linda wieder die Geschichte mit dem Pferdeparfüm ein, und sie fügte schmunzelnd hinzu: „Und den Duft, den sie gerne hätte, gibt es noch nicht als Parfüm."

„Geht ihr am Samstag auch zu Maggie Raffertys Weihnachtsparty?"

„Na klar! Paps und Catherine haben sogar vor, auf der Party bekanntzugeben, daß sie heiraten werden."

„Das wird ja ein tolles Fest!" freute sich Jill.

„Maggies Parties sind ohnehin immer einsame Spitze. O Linda, ich freue mich ja so für dich!"
„Ich freue mich auch", lächelte Linda.

Am Samstag schlossen sie die Tierarztpraxis ausnahmsweise schon mittags, und Mike Strickler trat seinen Wochenenddienst an.
„Holt ihr heute euren Weihnachtsbaum?" fragte der Tierpfleger. Als Linda nickte, stellte er sich mit verschränkten Armen vor sie hin und meinte: „Ist auch höchste Zeit. In drei Tagen ist Weihnachten. Ihr stellt doch auch einen in der Klinik auf, oder?"
„Na klar", lachte Linda. „Haben Sie gedacht, wir hätten es vergessen?"
„Ehrlich gesagt, ja. Denn eine Zeitlang bist du doch nur noch mit hängendem Kopf rumgelaufen, als hättest du ganz vergessen, daß Weihnachten vor der Tür steht."
„Ja, aber das ist jetzt vorbei. Heute suchen wir zwei schöne Tannenbäume aus, und morgen werden sie geschmückt. Paps sagte, diesmal dürfen wir sie länger stehen lassen als sonst. Sie kommen doch auch zu Maggies Party, nicht wahr?"
„Es wird mir wohl nichts anderes übrigbleiben." Mike wandte sich grinsend an Dr. Taylor: „Unter uns gesagt, ich habe nicht die geringste Lust, mich in Schale zu werfen, Doktor. Und die Tiere hier lasse ich auch nicht gern unbeaufsichtigt.
„Um die brauchen Sie sich keine Sorgen zu machen", meinte Dr. Taylor. „Pats Schwiegersohn

hält solange die Stellung hier. Sollte man mich brauchen, erreicht er mich ja bei Maggie. Linda, es ist höchste Zeit, daß wir aufbrechen. Catherine und die Kinder warten sicher schon auf uns. Ich habe gesagt, daß wir sie um eins abholen, und jetzt ist es schon ein Uhr vorbei."

„Wiedersehen, Mike", rief Linda im Hinausgehen. „Bis später."

„In drei Tagen ist Weihnachten! In drei Tagen ist Weihnachten!" sangen Teddy und Sparky übermütig während der Fahrt zur Baumschule und hopsten auf dem Rücksitz auf und ab, bis Dr. Taylor sie zur Ruhe ermahnte.

Catherine, Linda und Erin stimmten „O Tannenbaum, o Tannenbaum" an, und alle sangen mit. Auch als sie wenig später im tiefen Schnee durch die Baumschule stapften, sangen sie fröhlich weiter. Der Himmel war strahlend blau, und der Schnee glitzerte in der Sonne. Endlich hatten sie drei schöne Silbertannen gefunden. Die größte sollte das Wohnzimmer der Taylors zieren, die mittlere war für Frau Sparks Heim bestimmt, und die kleinste sollte im Wartezimmer der Tierklinik stehen.

„Nächstes Jahr brauchen wir nur noch zwei Bäume", sagte Sparky zu Dr. Taylor. „Denn dann wohnen wir bei euch. Euer Haus gefällt mir ohnehin viel besser als unseres. Dir doch auch, Mama, oder?"

„Ja, mir auch", lachte Frau Sparks. „Aber noch mehr gefallen mir die Leute, die drin wohnen."

8 4659-8

„Und die Hunde und die Katzen, die Hamster und der Kanarienvogel ...“ Sparky hielt jäh inne, denn Teddy begann mit Schneebällen nach ihr zu werfen.

„Teddy, laß das“, ermahnte ihn der Vater. „Für Schneeballschlachten ist jetzt keine Zeit. Wir müssen noch Tannenzweige mitnehmen und dann zahlen. Und danach nichts wie nach Hause. Wir müssen uns doch, wie Mike vorhin sagte, für Maggies Party in Schale werfen. Um fünf sollen wir dort sein, und ich möchte nicht zu spät kommen.“

„Das schaffen wir lässig“, meinte Teddy. „Komm, Sparky, mal sehen, wer schneller beim Auto ist.“

Alle zusammen schafften sie es, die drei Bäume auf dem Dachträger zu befestigen. Die Tannenzweige nahmen sie mit in den Wagen, wo sie einen herrlichen Duft von Nadelholz und Harz verströmten.

Als sie auf der Heimfahrt ein Weihnachtslied nach dem anderen anstimmten, mußte Linda unwillkürlich an frühere Weihnachten denken, als Mutter noch beim Christbaumkaufen dabei war. Doch diese Erinnerung stimmte sie keineswegs traurig. Das waren glückliche Zeiten gewesen – aber auch jetzt würden sie wieder glückliche Zeiten erleben. Sie lächelte Erin zu, die mit einem Bund Tannenzweige auf dem Schoß freudestrahlend ihr Lächeln erwiderte.

*

Gegen achtzehn Uhr war die Weihnachtsfeier in Maggies Haus voll im Gange. Die Gäste waren so zahlreich erschienen, daß Linda den Eindruck hatte, ganz Essex hätte sich ein Stelldichein gegeben. Silberne Kerzenleuchter warfen ein weiches, warmes Licht auf die lachenden Gesichter. Fenster und Türen waren mit Tannenzweigen, Weihnachtssternen und bunten Glaskugeln geschmückt. Überall standen Schalen mit Plätzchen herum.

Auf dem Flügel im Wohnzimmer spielte der Bürgermeister Weihnachtslieder. Frau Pollock blätterte für ihn die Noten um. Um den Flügel herum hatten sich mehrere Gäste gruppiert, die fröhlich mitsangen. Andere drängten sich um den Eßtisch, auf dem ein herrliches Büffet aufgebaut war. Teddy, Sparky und Erin standen staunend vor dem riesigen Weihnachtsbaum, dessen Schmuck im Kerzenlicht glitzerte und funkelte.

Maggies Hunde, die sie alle aus dem Tierheim geholt hatte, schlichen zwischen den Gästen herum und schnappten gierig nach den Bissen, die ihnen heimlich zugesteckt wurden. Die Katzen aber hatten die Flucht ergriffen und sich im Obergeschoß versteckt.

Jedes Jahr staunte Linda von neuem, wie Maggie die etwas schäbigen und vernachlässigten Räume für die Party so festlich und einladend zu gestalten vermochte. Aber die größte Verwandlung war an der Gastgeberin selbst festzustellen: Ihre saloppe Männerhose, den alten Malerkittel und die klobigen Gummistiefel hatte sie gegen einen braunen Seidenkaftan eingetauscht, an dessen weiten Ärmeln kleine Glöckchen baumelten. Diese bimmelten lustig, wenn Maggie ihren Gästen der Reihe nach die Hände schüttelte, wobei sie sorgsam darauf achtete, niemanden zu übergehen.

Linda beobachtete, wie sich Maggie gerade mit Frau Racer und deren Sohn Henry unterhielt. Dann wechselte sie ein paar Worte mit Susan Bascombe und deren Eltern. Linda staunte über die bunt zusammengewürfelte Gesellschaft, die sich offensichtlich prächtig amüsierte.

Linda plauderte ein wenig mit Jill und ihren Eltern und wünschte Pat Dempwolf und Mike Strikkler frohe Weihnachten. Dann winkte sie Donna und Jim Hartman zu, die sich mit ihrem Vater und Catherine am Kamin unterhielten.

Als es Linda im Wohnzimmer zu warm wurde, ging sie auf die Veranda hinaus, um ein wenig frische Luft zu schnappen. Zu ihrer Verwunderung saß dort Toby in einem Korbstuhl und aß Salat mit Schinken und Truthahn. In seiner Tweedjacke mit Hemd und Krawatte war er kaum wiederzuerkennen.

Aber auch er schaute Linda ganz erstaunt an. „He, du siehst ja aus wie ein richtiges Mädchen! Das ist das erste Mal, daß ich dich in einem Kleid sehe!"

„Meinst du etwa, ich soll in diesem Aufzug im Tier-Treff arbeiten?" Sie strich sich den braunen Samtrock glatt, zu dem sie eine weiße Spitzenbluse

trug. Erin hatte sie dazu überredet und ihr auch beim Frisieren geholfen, indem sie ihr langes, dichtes Haar nach hinten kämmte und mit einer braunen Samtschleife zusammenband.

„Auch du schaust nicht übel aus", gab Linda das Kompliment zurück.

„Danke." Toby schob sich noch eine Gabel Kartoffelsalat in den Mund. „Tolle Party, was? Und ein prima Büffet. Wieso ißt du nichts? Es liegt doch jede Menge Grünzeug rum."

„Ich hab keinen Hunger", sagte Linda und setzte sich zu ihm.

Toby stellte den leeren Teller auf den Boden, der gleich darauf von einem der Hunde saubergeschleckt wurde. „Es geht mich ja nichts an, Linda, aber sag mal: Bist du noch immer sauer, weil dein Vater Frau Sparks heiraten will? Warum eigentlich? Was findest du denn Schlimmes daran?"

„Tu ich ja nicht. Im Gegenteil, ich finde es ganz prima."

Toby machte große Augen. „Waaas? Das sind ja ganz neue Töne. Wenn alles in Ordnung ist, dann hast du ja gar keine Aufmunterung nötig. Ich habe dir nämlich schon dein Weihnachtsgeschenk mitgebracht, weil ich dachte, du könntest einen kleinen Trost gebrauchen ..."

„Und jetzt muß ich auf das Geschenk verzichten?" fragte Linda lachend.

„Da ich es nun schon mal eingepackt habe und ..." Er sprach den Satz nicht zu Ende, sondern holte aus seiner Jackentasche ein kleines Päckchen hervor, das er Linda in die Hand drückte.

„O danke, Toby“, sagte Linda verlegen. „Paps fährt mich morgen zu euch nach Hause, und dann bekommst du mein Geschenk. Tut mir leid, daß ich es dir nicht schon heute geben kann.“

„Das macht doch nichts. Aber nun pack's schon aus!“

Vorsichtig entfernte Linda das Geschenkpapier. „Das ist ja Sternchen!“ rief sie freudig, als sie ein kleines geschnitztes Reh in Händen hielt. „Es sieht wirklich aus wie Sternchen. Hast *du* es geschnitzt?“

Toby schüttelte den Kopf. „Nein, mein älterer Bruder. Luke kann wirklich toll schnitzen. Er hat das Reh nach einem Foto angefertigt, das ich vor zwei Wochen von Sternchen gemacht habe. Ich wollte dir mit dieser Erinnerung an Sternchen eine Freude machen.“

Linda fuhr mit dem Zeigefinger über das glatte helle Holz. „Es ist wunderschön! Ich werde es immer aufbewahren. Du hättest mir keine größere Freude machen können, Toby.“

Tobys Ohren liefen rot an. „Ja, und frohe Weihnachten, Linda“, sagte er verlegen.

„Frohe Weihnachten, Toby.“

Da hörten sie, wie der Bürgermeister im Wohnzimmer verkündete: „Liebe Gäste, darf ich Sie um ihre Aufmerksamkeit bitten: Soeben habe ich von unserer Gastgeberin erfahren, daß Doktor Taylor und Frau Sparks Ihnen etwas mitteilen möchten.“

Linda sprang vom Stuhl hoch. „Komm, das dürfen wir nicht versäumen!" rief sie und zog Toby mit ins Wohnzimmer.

Dr. Taylor stand lächelnd neben dem Flügel. Linda fand, daß er in seinem eleganten Anzug sehr gut aussah. Neben ihm stand Catherine in einem grünen Seidenkleid und mit einer Perlenkette um den Hals. Auch sie strahlte über das ganze Gesicht.

Als Linda zur Tür hereinkam, winkte Catherine ihr zu und rief: „Komm her, Linda!" Und der Vater holte Erin und Sparky zu sich her.

Linda und Erin stellten sich neben Catherine, und Teddy und Sparky neben den Vater. Die Gäste umringten sie und warteten gespannt.

Dr. Taylor warf Catherine einen kurzen Blick zu und räusperte sich. „Liebe Gäste, was ich Ihnen nun mitteilen möchte, ist vielleicht für den einen oder anderen keine Überraschung mehr. Ich will mich auch ganz kurz fassen ... Also, Catherine und ich möchten heute die Gelegenheit nutzen, um Ihnen allen und besonders unseren Freunden mitzuteilen, daß ...

Teddy zupfte ihn am Ärmel. „Du wolltest dich doch kurz fassen, Paps", flüsterte er.

„Komm schon zur Sache, Ted, damit wir weiterfeiern können", forderte Catherine ihn lachend auf und hakte sich bei ihm unter.

Dr. Taylor lächelte in die Menge und sagte: „Also, Sie kennen sowohl meine als auch Catherines Familie. Aber was Sie nicht wissen, ist, daß wir in einem halben Jahr ...“

„Genauer gesagt, am fünfzehnten Mai“, warf Catherine ein.

„... daß wir ab dem fünfzehnten Mai nur noch *eine* Familie sein werden. Denn Catherine und ich haben vor zu heiraten.“

Alle klatschten begeistert Beifall. Am heftigsten aber applaudierte Maggie, und die Glöckchen an ihren Ärmeln hörten gar nicht mehr auf zu bimmeln. „Eine ausgezeichnete Idee, Theodor!“ jubelte Maggie. „Herzlichen Glückwunsch!“

„Heißt das, Doktor, daß ich mich im Mai schon wieder in Schale werfen muß?“ rief Mike Strickler und löste schallendes Gelächter aus.

Als dann Dr. Taylor und Catherine von Freunden und Bekannten umringt wurden, schlichen sich Teddy und Sparky rasch zum Büffet.

„Ich kippe gleich um vor Hunger!“ stöhnte Sparky.

Der Bürgermeister setzte sich wieder an den Flügel und spielte „Hoch sollen sie leben, dreimal hoch!“

„Eine Hochzeit im Mai“, sagte Erin verträumt und schaute Linda mit glänzenden Augen an. „Ist das nicht schön? Meinst du, wir dürfen Catherines Brautjungfern sein?“

„Na klar“, sagte Linda und nahm die Schwester in die Arme. „Frohe Weihnacht, Erin!“

„Frohe Weihnacht, Linda!“

Spannende SchneiderBücher von Virginia Vail:

HABE ICH		WÜNSCHE ICH MIR
	Tierarzt-Praxis Birkenallee 7 (Band 1) Linda wird überall gebraucht	
	Tierarzt-Praxis Birkenallee 7 (Band 2) Ein Hundeleben in Gefahr	
	Tierarzt-Praxis Birkenallee 7 (Band 3) So ein Affentheater	
	Tierarzt-Praxis Birkenallee 7 (Band 4) Die Tierliebe siegt	
	Tierarzt-Praxis Birkenallee 7 (Band 5) Rettet das Tierheim!	
	Tierarzt-Praxis Birkenallee 7 (Band 6) Jedes Tier braucht ein Zuhause	
	Tierarzt-Praxis Birkenallee 7 (Band 7) Hundesalon Seidenglanz	
	Tierarzt-Praxis Birkenallee 7 (Band 8) Dem Tierfänger auf der Spur	
	Tierarzt-Praxis Birkenallee 7 (Band 9) Ein Hund zuviel	
	Tierarzt-Praxis Birkenallee 7 (Band 10) Wirbel um Rubin	
	Tierarzt-Praxis Birkenallee 7 (Band 11) Sternchen darf nicht sterben	

Schöne Tierbücher von Tina Caspari:

HABE ICH		WÜNSCHE ICH MIR
	Kleine Freundin Piri (Band 1) Christiane findet ein junges Kätzchen	
	Piri stellt alles auf den Kopf (Band 2) Viel Aufregung um eine Schmusekatze	
	Piri gewinnt alle Herzen (Band 3) Erlebnisse mit vier Katzenkindern	
	Piri geht auf Reisen (Band 4) Lustige Abenteuer in Italien	
	Piri und die alte Katze (Band 5) Katzenfund an der Autobahn	
	Piri und die kleinen Wilden (Band 6) Eine fremde Katze bringt Probleme	

GÜNTER HUTH

Ben und der Habicht

„Na also!“ Ben lächelt zufrieden. Sein Fernglas holt die Koalabärin mit ihrem Jungen zum Greifen nahe heran. Der zwölfjährige Junge, der auf einer Farm in Australien aufwächst, hat eine Schwäche für Tiere. Eines Tages findet er ein totes Habichtpärchen – und einen Horst mit zwei Eiern. Ben nimmt die Eier mit nach Hause, und Mutters beste Legehenne brütet ihren Todfeind aus: Chick, den Habicht. Er wächst zu einem prächtigen Jungvogel heran. Ben schließt Freundschaft mit dem Tier; doch er fürchtet sich davor, Chick eines Tages in die Freiheit entlassen zu müssen ...